打造中国气象产业"升级版"

——中国气象服务产业发展报告（2020）

中国气象服务协会

气象出版社
China Meteorological Press

内 容 简 介

    本书是中国气象服务协会编制的 2020 年度中国气象服务产业发展报告。报告聚焦中国气象服务产业"升级版"，系统分析了中国气象产业发展现状、面临的主要问题和挑战、产业升级发展的基本路径和主要目标。本书对于政府部门制定气象产业相关政策规划具有重要参考价值，对于气象市场产业主体调整优化发展思路、提升产出效率也具有重要指导意义。

图书在版编目（CIP）数据

打造中国气象产业"升级版"：中国气象服务产业
发展报告：2020/中国气象服务协会编. --北京：气
象出版社，2020.12

    ISBN 978-7-5029-7335-3

    Ⅰ. ①打… Ⅱ. ①中… Ⅲ. ①气象服务-产业发展-研究报告-中国-2020 Ⅳ. ①P49

    中国版本图书馆 CIP 数据核字（2020）第 233055 号

Dazao Zhongguo Qixiang Chanye "Shengjiban"
——Zhongguo Qixiang Fuwu Chanye Fazhan Baogao（2020）
打造中国气象产业"升级版"——中国气象服务产业发展报告（2020）
中国气象服务协会

出版发行：气象出版社

地　　址：北京市海淀区中关村南大街 46 号　**邮政编码**：100081
电　　话：010-68407112（总编室）　　010-68408042（发行部）
网　　址：http：//www.qxcbs.com　**E - mail**：qxcbs@cma.gov.cn
责任编辑：王萃萃　　　　　　　　　**终　审**：吴晓鹏
责任校对：张硕杰　　　　　　　　　**责任技编**：赵相宁
封面设计：楠竹文化
印　　刷：三河市君旺印务有限公司
开　　本：787 mm×1092 mm　1/16　**印　张**：16.25
字　　数：420 千字
版　　次：2020 年 12 月第 1 版　　　**印　次**：2020 年 12 月第 1 次印刷
定　　价：80.00 元

编　委　会

主　　编　孙　健

副 主 编　朱祥瑞　屈　雅

编　　委　（按姓氏笔画排序）

尹世明　朱定真　李海胜　何建新

何铁宁　张建云　范维澄　高权恩

唐政虎　曹晓钟　梁宝俊　裴哲义

薛建军　戴跃伟

执行主编　王　昕

前　言

　　2020 年，突如其来的新冠肺炎疫情让很多行业生产经营受到巨大冲击，好在中国采取有力措施很快遏制了疫情的蔓延，并在二季度恢复了生产生活秩序。很多气象企业在这次疫情中不仅维持了自己业务服务和运营的稳定，还积极参与到抗击疫情的公共事业中去，为政府部门、公共机构提供抗击疫情所急需的服务，充分体现了气象行业的担当，树立了良好的社会形象。

　　这次疫情对气象产业总体的直接影响是暂时的，但却为我们思考中国气象产业未来发展提供了一个契机。我们看到，疫情叠加中美贸易争端，我们的核心技术、服务能力、产业结构、产出规模都存在进一步提升的空间。疫情影响终将过去，但中国气象产业自身发展需要做更长远的谋划。这包括对气象产业自身价值链区间、行业属性和资源结构的进一步深化认识，也迫切需要深入探讨气象行业突破现有格局，高质量发展新的实践路径。

　　本书概述篇推荐了从整体角度思考气象产业发展的文章，发展篇侧重呈现气象业务服务经营的现状和思考，展望篇体现了对未来气象产业发展的探索。希望能够通过本书的引导，帮助大家初步了解气象产业发展的基本形势，为进一步讨论、思考打造中国气象产业"升级版"提供参考。

中国气象服务协会

2020 年 11 月

目　录

前言

概述篇

发展篇

展望篇

附录 最新气象产业相关国家政策法规

概述篇

打造中国气象产业"升级版"

孙 健[1,2] 屈 雅[1,2] 王 昕[1,2] 兰 淼[1]

(1.中国气象服务协会，北京 100081；2.中国气象局公共气象服务中心，北京 100081)

一、中国气象产业发展的一般态势

以中国气象服务体制改革和中国气象服务协会成立为标志，2015 年以来，中国气象产业步入新的发展阶段。主要表现包括以下四个方面：一是气象产业基础设施建设强化，国家大力推进气象发展的基础性要素建设，立体监测网络、气象大数据、数值预报模式等关键性生产资源支撑能力大幅提升；二是气象产业发展的外部环境显著改善，气象服务社会化发展趋势显著，国家针对产业市场主体的"放管服"政策不断出台，社会对于气象产业市场主体的认可度不断增强；三是气象产业主体多元化发展格局形成，最为突出的是社会资本投入气象产业主体快速成长，相关边缘领域越来越重视气象因子在生产决策中的重要作用；四是气象产业创新性发展动力不断增强，边缘交叉领域融合态势明显，新兴业态不断涌现，气象产业外延不断拓展，为气象产业总体规模提升奠定了基础。

2020 年初，突如其来的新冠肺炎疫情迅速在全球蔓延，中国采取强有力措施积极应对，到第二季度，中国经济社会基本稳定，产业市场进入恢复期。关于这场疫情对中国气象产业的影响，中国气象服务协会先后于 2 月下旬和 5 月中旬专题对气象企业开展疫情影响与应对调研，覆盖气象传媒、专业服务、设备仪器、雷电防御、软件开发和数据服务等气象产业主要生产领域。调查发现，前期，企业普遍存在开工不足，经营绩效大幅下滑，疫情安全防护风险大，防疫物资紧缺等问题。随着国家防疫形势好转，企业反映问题主要集中在如何挖潜市场需求，服务响应能力不足，基础性生产资料供给有限，产业上下游衔接不畅等。大多数气象企业的共识是：疫情影响终将过去，做大气象市场，深度挖掘气象服务需求，打通上下游产业链条，在整个社会生产价值链中从"弱相关"变为"强相关"，加快提升气象产业整体素质十分迫切。

总体而言，在这次疫情中，气象产业受到的直接冲击是暂时的，但也引发出产业长远发展存在的一些深层次问题。比如气象服务的用户黏性问题，气象对于很多行业具有很强的"影响黏性""需求黏性"，但缺少"服务黏性"。除了部分气象高影响行业，如何增加气象在更广泛用户决策中的价值？这关系到气象产业市场蛋糕能不能做大。在这次疫情中，国家给出很多利好经济发展的政策规划，包括双循环发展格局，新型基础设施建设，智慧化城市等，无疑能够带动众多行业借势发展。在这样的形势下，气象产业能否搭载国家利好政策乘势实现更快的发展？再比如基础性核心技术创新，美国对中国先进技术的打压让我们看到缺乏自主创新、缺乏底层架构，对于一个行业意味着随时而来的釜底抽薪。气象领域核心的技术储备能否应对发达国家的断供？还有面向社会的资源开放支撑问题。我们的气象基础数据能不能为国家相关领域市场产业的发展提供稳定的资源支撑？在国家大力推进简政放权、释放部门资源、"六保""六稳"的政策背景下，气象产业能否与这一大局同频共振？

二、中国气象产业发展面临的主要问题和挑战

今年，中国气象服务协会基于气象产业生态圈理论设计了气象产业生态发展指数，其中包括要素、主体、动力和产出 4 个影响气象产业发展的因子。从目前已经测算的初步结果看，气象要素板块增长最快，产业基础设施建设和支撑能力不断提升；动力方面，主要需求稳定增长；但气象产业主体和产出明显偏弱（图 1）。这一现象大体可以反映：一是气象基础资源未能很好地在产业领域得到利用。气象基础设施包括空天地立体监测网的建立，气象数据供给能力是近几年国家气象加强投入的重点，统计数据充分反映了这一变化。但气象产业主体并没有大幅增长，背后反映的是社会投入不足。社会投入不足，一方面是看不到显著的利益增长点，另一方面也说明国家的基础投入并没有与社会投入方面互动起来。二是产业主体对气象基础资源的利用能力不足或不充分。利用不足，有资源拿到手却没有把资源效益充分挖掘出来的问题，这普遍存在于我们对现有气象资源的挖掘和使用方面；也有资源可用性、可获取性、成本问题，这需要国家基础气象资源利用政策的进一步调整深化。

此外，社会公众和相关生产部门对气象资源的需求近两年快速增长，已经

从过去单纯减灾避险向减灾与增效综合决策发展，气象成为现代经济社会系统运行不可或缺的重要组成模块。更多有活力的气象产业主体成长，将有力补充公共气象资源，改善气象资源供给与需求不适应状况，进而提升气象产业产出和效益。

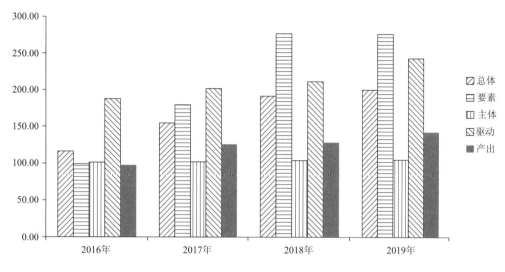

图 1　气象产业生态发展指数

一直以来，社会资本对于气象产业领域最关心的问题是气象产业市场究竟有多大规模。这直接关系到在气象产业领域投入的长线收益。短期看，一些新兴气象企业由于搭载现代信息技术、跨领域融合、抓住国家重大战略契机获得超常规发展，并赢得投资者青睐；传统气象产业领域，包括装备制造、防雷、专业服务、气象传媒总体发展处于稳定期，在缺少新的动力因素，包括需求爆发式增长、基础能力跃升、生产要素资源成本大幅降低、新型业态形成等支撑情况下，产业规模很难有大的突破。

早在 2015 年，中国气象服务协会相关研究表明，中国气象产业市场未来 10 年规模将达到 3000 亿元。这个估算主要考虑了气象传统产业领域常规化发展的增长趋势，并没有将此后众多新兴产业主体和产业外延拓展考虑进去。换句话说，如果按照目前气象产业新的发展态势，在传统领域不出现大幅下滑的前提下，到 2025 年，中国气象产业市场规模一定会突破 3000 亿。

产业成长包含量的扩张和质的提高。中国气象产业在这两方面都面临挑战。从量上看，正如我们刚才所描述的，没有新的动力做支撑，气象产业短期内实现规模扩张的条件有限，甚至在当前产业市场跨界融合不断加剧的前提下，单个气象市场主体能稳住自己的基本盘也需要付出更多的努力。但从总体上看，正是因为当前产业市场边界融合的趋势，包括众多产业巨头越来越关注气象作为重要生产要素模块在整个市场中的不可或缺性，在某些方面甚至具有"稀缺性"，气象市场的边界会不断拓展，气象或者说气象相关市场规模也会得到扩充。这一点毋庸置疑。

质的提高，这是当前气象产业发展面临的最核心、最关键的挑战。如何提高气象产业整体素质？包括生产要素资源供给增加、需求量和品质进一步提升、市场主体素质提高、服务板块进一步细分、新兴业态培育空间充裕、交叉领域实现高质量融合，等等，在实现气象产业跨越式发展之前，这些问题都必须得到很好的解决。量的增加可以依靠时间积累，质的提高需要深层次创新。

提升质，一是内生的调整和变革，这是基本动力，是行业发展的可持续、稳定的力量；二是外部介入，包括打破行业壁垒，实现跨界融合，从根本上颠覆现有行业发展模式，创造新的产业发展空间和形态。从气象行业特点看，上述两种路径都有很大的空间。内生动力已经在很多企业展开，寻求量的维持和新的增长点，拓宽资源融合渠道，搭载国家战略契机都有可能突破企业现有盘面，实现新的增长。值得注意的是，一些气象企业在外部市场拓展有限，业务创新动力不足，成本控制压力大的情形下，习惯性地依赖国家部门投入的资源池，主要业务来源单一问题突出。紧盯有限需求是导致产业内部同质化的根本原因。没有新的业务拓展和变革性技术突破，大家扎堆往熟悉的领域集中，结果必然会导致利润摊薄，效益增长乏力，长期发展风险增加。

外部介入需要有前提。首先是对气象市场需求认识的调整。公众、行业、政府都有需求，但需求的广度、深度最终决定力量来自产业基础创新。很多人说气象行业主体不可能出现大的市场巨头，因为需求和功能定位在那儿摆着，不可能有大的突破。这种看法恰恰说明我们缺乏创新变革的内生动力。过去交通物流业就是运输业，国家经济规模上不去，每年也就那些货物要运输，所以当时这个行业是典型的外部限制决定型，它得等着外部需求变化，自己才能有发展。但我们看看现在的物流行业，除了本身经济规模空间巨大，它的不断创新与新零售、电子商务、现代仓储交相呼应，行业规模和发展品质不断提升。这个行业没有等，它和自己关联领域在不断化合出新的市场和价值空间。

从目前看，外部介入我们比较熟悉某某产业巨头看上某个气象领域，然后强势投入，令行内叹为观止。其实这种情形往往发生在当资本从社会经济发展整体趋势考虑，需要引入新的产业发展因子，比如气象时，它自然会考虑拉气象入伙。反过来，气象行业发展也需要有这样的格局，我们不仅要经营好自己的一亩三分地，更需要知道有哪些产业空间让我们有机会主动出击，抢占先机。我们已经领略了不少外部介入的成功案例，但最迫切需要的是寻求自我突破。

三、打造中国气象产业"升级版"

2020 年 10 月，党的十九届五中全会提出我国"十四五"时期"在质量效益明显提升的基础上实现经济持续健康发展，增长潜力充分发挥，国内市场更加强大，经济结构更加优化，创新能力显著提升，产业基础高级化、产业链现代化水平明显提高"等经济社会发展战略目标。2019 年，在新中国气象事业 70 周年之际，习近平总书记专门就气象工作作出重要指示：气象工作关系生命安全、生产发展、生活富裕、生态良好，做好气象工作意义重大、责任重大。要求广大气象工作者发扬优良传统，加快科技创新，做到监测精密、预报精准、服务精细，推动气象事业高质量发展，提高气象服务保障能力，发挥气象防灾减灾第一道防线作用，努力为实现"两个一百年"奋斗目标、实现中华民族伟大复兴的中国梦作出新的更大的贡献。党的十九届五中全会和这一指示精神为中国气象事业和产业未来发展指明了方向。

习近平总书记对气象工作的指示凸显了气象工作在支撑社会经济安全、健康、有效运行中的基础性重要地位，而这种地位或责任必须与气象供给能力相匹配才能得到保证。在国家"十四五"时期，气象产业作为气象事业发展重要组成部分，必须从国家发展战略和中国气象事业未来发展整体格局筹划自身的发展，打造中国气象产业"升级版"，推动气象为经济社会和广大人民美好生活提供更高品质的服务。

一般所谓产业升级，包括产业结构的优化，实现从低端产业、低产出产业向高端产业、高产出效率产业发展，也包括产业在价值链系统中平行向高价值区间延伸拓展。中国气象产业升级主要涉及产业价值链再认识、产业竞争力和供给能力提升、基于产业价值链的整体资源布局优化和产业产出效益的大幅跃升。

在中美贸易争端背景下，迈克尔·波特（Michael Porter）的价值链理论（Value Chain Theory）倍受关注。这一理论提出通过对产业整体和产业各个生产环节所处价值区间的考察，行业或市场主体可以更好地规划自身发展，在具体产业环节实现产出价值最大化。在这一理论中，行业或企业通过对价值链的考察确定本行业或企业的核心竞争力所在，这是行业或企业发展的前提。以这一理论为基础，施正荣发展出了"微笑曲线"理论，根据这一理论，一个行业或企业应该尽可能将生产向高端价值区间延伸，或实现自己所处价值链空间竞争力最大化。这在全球产业分工布局方面得到了有效的印证。以全球芯片制造业为例，处于高价值区间的基础架构和芯片研发、品牌设计与推广均掌握在发达国家手中，而加工制造、贴牌生产则向劳动密集型的地区转移，从而形成了全球价值链的基本格局。

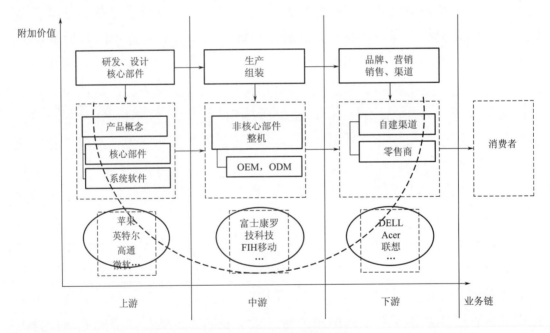

图2　3C产业"微笑曲线"构成

（图片来源：陆健等，2020）

价值链以及微笑曲线理论对于我们思考气象产业升级也具有一定参考意义，提供了一个思考产业发展升级的基本思考框架：首先，气象产业在整个社会产业链条中处于什么地位？在整个行业价值链中，气象产业的核心竞争力究竟是什么？气象产业链条中的各个节点在价值链中处于什么地位，资源布局是否合理？价值空间有多大？核心竞争力是什么？

气象产业总体属于生产性服务业的范畴，产业的核心是气象信息服务。从产业价值链视角，气象信息服务处于价值链微笑曲线的高端环节，在现代产业体系中占据着比较有利的位置。但气象产业当前的发展与其在价值链中的位置以及可能产生的效益并不匹配，行业整体产出低，服务黏性小，也就是我们所说的"弱相关"。从全球价值链视野看，中国气象产业目前仍处在相对较低的位置，核心技术、模式研发，高端专业化服务与发达国家仍有一定差距。在国家经济两个市场双循环模式下，对内能力不足，对外功能弱化，这一现状凸显了中国气象产业实现产业升级的紧迫性。

产业升级一般包括产业内部优化调整和产业外部空间拓展。内部优化调整主要包括产业要素质量提高、核心技术创新、产品迭代升级、产业链结构优化等。产业外部空间拓展主要包括产业融合、资本兼并改造、融入新的产业链条等。气象产业具有完整的产业链条。从核心技术、产品研发，到加工制造，到服务和产品推广运营一应俱全。但气象产业链条整体素质不高，各个环节发展不平衡问题突出，严重制约了气象产业整体能力的提升。

气象产业升级主要体现在以下六个方面。

一是产业结构优化。产业升级并不意味着大家都往高端环节挤，而是系统地分析产业结构中效益发生的主要方面，从自身优势出发，明确自身比较优势和发展重点方向。差异化构建产业主体自身优势产品和服务是产业结构优化的重要基础。从目前看，气象产业链条中比较薄弱的环节主要分布在产品研发、市场化服务和品牌打造与推广方面，这些在以往气象服务市场化程度较低的情况下负面效果不明显，但随着气象服务商品属性不断强化，生产性服务功能需求大幅增长，这些产业链条上的节点品质对整个产业产出能力的提升将产生越来越显著的影响。

二是要素品质提升。产业整体素质提高离不开基础性生产要素品质的提升。气象产业基本要素包括基础设施、数据、资本、人才等。从目前看，上述要素的总体质量与产业升级发展的需要匹配度需要提升。主要表现在两个方面，（1）要素自身需要适销对路，针对性的要素供给才能促进产业发展所需；（2）要素充分使用，只有当产业核心要素内在的能量充分调动起来，包括相应的政策配套和资源有效整合，才能推动气象资源的产业活力进一步释放。

三是核心技术突破。针对制约气象产业升级发展的关键、核心问题，集中产业优势资源实现突破。目前制约气象产业升级发展的关键技术主要分布在精密装备仪器制造、数值预报模式、数据同化技术、精准靶向服务等方面。这些核心技术的突破，不仅需要气象基础理论研究进一步深化，也需要更多边缘交又学科前沿技术方法的引入。

四是产业增量拓展。这包括气象资源内涵的再认识和气象产业外延的拓展。气象资源作为基础性生产要素,包括社会属性的气象资源,比如气象监测数据、预报预警信息、气象专业服务等;也包括自然属性的气象资源,比如气候、降水、风光、气象景观等。在气象产业链条中,社会属性的气象资源一直是气象服务的基础,但对于气象自然资源的保护利用,以及与之相关联的气象产业开发十分薄弱。气象产业外延的拓展包括加大气象与外部相关产业融合,推动气象产业新业态、发展新模式的产生。

五是行业壁垒破除。这里所说的行业壁垒有些是主观形成,比如限制性政策和部门规章等,这需要通过部门改革进一步化解;有些是技术、体制机制等客观因素导致,这需要通过资源深度融合,以及有效沟通来解决。行业壁垒的存在限制了社会相关资源的有效融入,也会影响内部资源成果的转化和产出。我们经常提到的气象+,除了表明气象服务赋能的主动性,也包括气象面向社会资源的开放性。由于气象产业具有生产性服务业的特点,加强与服务对象行业的深度融合,开放行业资源,将为新的业态、新的模式的不断涌现创造条件。这是产业实现升级的前提性条件。

六是服务价值提升。首先是梳理气象产业链的价值区间布局,明确各个价值区间核心竞争力和价值产生机制。在此基础上,将气象面向用户的基础性的数据服务、预报预警服务向参与用户产品研发决策,推动气象数据、服务产品品牌化、市场化延伸,提高气象产业核心产品在整个产业价值链的地位,增加用户黏性,实现气象产业整体增值。

以上述方面调整为基础,在我们看来,中国气象产业"升级版",至少应该具备以下十个特征。

(1) 产业链条完整,各个环节具有良好的协同性。这是气象产业是否具有内生动力的重要标志。从目前看,中国气象产业从装备制造、数据采集到服务加工、市场化、专业化服务相对完整,基本具备一个独立产业所应具备的基本结构特征。要从气象产业链总体协同角度,进一步明确各个生产环节的价值区间,差异化布局投入和竞争,明确生产方向,提升价值实现效率。

(2) 基础生产要素供给充足,且稳定持续。支撑气象产业核心产品生产的要素充足,这是保证气象产业产品供给和产出的基础。气象基础数据资源、人才队伍、社会资本能否适应产业升级发展的需要,必须从气象产业未来发展角度前瞻性的去规划和引导，完善气象资源产出和供给机制，稳定产业投入预期，为气象产业可持续发展提供保障。

（3）主体多元，竞争态势明显，垄断壁垒被打破。市场主体的大量涌现本身就表明社会资本对产业前景持乐观态度。必须建立起多元主体之间公平的竞争关系，维护产业市场良好秩序，真正实现优胜劣汰，让优秀的市场主体脱颖而出，在行业发展中起示范引领作用。

（4）资本投入意愿强烈，效益实现路径清晰。要掌握气象产业发展的整体发展规律和逻辑，明确气象产业各个节点的利益增长点，为社会资本投入提供有价值的决策参考。

（5）核心技术研发取得根本性突破。实现关键技术突破，推动气象产业服务基础能力大幅提升，要站在全球气象产业价值链的层面规划技术发展重点，聚焦核心技术攻关。

（6）新兴业态大量出现，市场匹配度高，反响良好。实现气象产业资源与社会资源广泛融合，以市场化机制促进新的业态、新的产业模式探索，不断形成气象产业新的竞争优势。

（7）重点领域发展得到有力保障，形成价值规模效应。在气象高敏感领域充分发掘产业价值增长点，推动相关产业做大做强。

（8）领军企业快速成长，行业引领能力强。亿元以上规模的企业以及上市公司、具有自主知识产权核心技术和特色品牌的中小企业代表着行业发展的引领力量，具有整个产业的示范带动效应。

（9）气象品牌具有广泛社会影响力。以品牌凝聚产业优质资源，在社会整体产业价值链条中争取有利地位。

（10）行业秩序良好，社会化服务健全。健全完善气象产业发展相关社会化机制，多渠道增加气象产业发展社会服务供给，为中国气象产业健康、可持续发展提供智慧支撑。

（本文主笔王昕）

参考文献

波特., 1997. 竞争优势 ［M］. 北京：华夏出版社.

邓洲，李童，2020. 依托全球价值链实现产业升级转型的国际经验与启示 ［J］. 海外投资与出口信贷（4）：

18-22.

黄蕙萍，缪子菊，袁野，等，2020.生产性服务业的全球价值链及其中国参与度［J].管理世界（9）：82-96.

陆健，李平，2020.产业结构转型升级背景下"微笑曲线"理论的发展、形态与创新途径［J].中国物价（5）：32-35.

王国平，2014.产业升级模式比较与理性选择［J].上海行政学院学报，15（1）：4-12.

中国气象服务协会，2015.构建有吸引力的气象服务市场——中国气象服务产业发展报告（2014）［M].北京：气象出版社.

中国气象服务协会，2019.打造气象产业生态圈中国气象服务产业发展报告（2019）［M].北京：气象出版社.

当前气象事业发展的形势判断与要求

林　霖

（中国气象局气象发展与规划院，北京 100081）

"十四五"时期，是我国全面建设社会主义现代化强国新征程的重要阶段，是我国第二个百年奋斗目标的开局时期，也是我国气象事业从率先基本实现气象现代化到全面建成气象现代化体系的关键时期。深刻把握气象事业发展规律和基本方向，分析研判新形势，对推动气象高质量发展意义重大。从当前的国内外发展环境看，过去许多支撑气象事业发展的条件正在变化，出现了一系列新的挑战和机遇，这些因素交织在一起影响着我国气象发展的整体走势。

一、国际形势

当前和今后一个时期，我国气象事业发展仍处于重要战略机遇期。虽然受全球疫情冲击，国际形势日趋复杂，风险挑战明显增多，困难矛盾交织叠加，对气象事业发展的影响很大。但气象事业发展的"基本盘"是稳固的，应对国际风险挑战我们有足够回旋余地，同时也要迎难而上、化危为机，把握好事业发展的时机。

（一）新科技革命和产业变革的时代浪潮奔腾而至，要求我们抓牢创新发展趋势

随着大数据、人工智能、物联网、区块链、云计算等新一代信息技术加速突破应用，以数字化、网络化、智能化为本质特征的第四次工业革命正在兴起，信息化已经进入全面渗透、跨界融合、加速创新的新阶段。这就为气象科技发展提供了更多创新源泉，为我们实现快速发展、获得革命性突破创造了可能。就气象信息产业而言，未来将呈现出交叉化、融合化、高端化的发展趋势。在这股浪潮下，我们必须抓住新一轮科技革命和产业变革的重大机遇，推动自身从需求驱动、投资驱动向创新驱动转变，从引进模仿和追赶为主迈向超

越追赶引领创新,深度参与气象价值链塑造。积极主导和主动参与"新赛场建设",主动适应大科学、大数据、互联网时代科学研究的新特点,注重科研平台、科研手段和方法工具的创新,提高气象基础研究和技术创新能力。加强跨领域多学科交叉融合,加快布局新一代信息技术与气象科学融合创新,推进新一代信息技术在气象科研、业务、服务领域的深层次应用,全力掌握新一轮国际气象科技竞争的战略主动。

(二)私营部门崛起推进全球气象治理变革,要求我们重视市场力量

日益富有经验和能力的用户对于更多多元化气象服务的需求在日益增加,使得世界各地的气象服务交付和商业模式迅速发生变化,推动商业观测网络、资料和服务提供商的涌现。当前,私营部门已全面介入气象服务链,并逐步打破原有气象服务属地化格局。部分高新企业深耕气象遥感监测、预报分析等领域,已具备比肩公共部门的实力。进而,成为推动全球气象治理变革的一股强劲力量。WMO(世界气象组织)已经认识到与私营部门等相关行动方建立伙伴关系的重要性,以便利用投资、加强国家气象水文部门的能力和绩效,并为社会提供更好的成果。可以预见,市场是经济要素和数据资源的主要调节者。随着我国气象社会化程度日益加深,气象资源进一步开放,气象市场主体企业迅速壮大发展,气象产业生态圈初步形成,市场在资源配置中的决定性作用凸显,对气象治理提出更高要求。亟须气象部门通过深化改革,构建公共气象和气象信息产业相得益彰的服务体系,培育气象产业生态圈有力发展的环境,积极培育新兴气象服务发展,鼓励和引导多主体提供气象服务,实现多元气象服务市场供给,提升气象服务供给能力。

(三)逆全球化思潮影响正常的科技竞合关系,要求我们努力补齐短板

在全球化推进过程中,逆全球化思潮实际上一直不同程度地存在。新冠疫情对全球产业链供应链冲击,明显强化了逆全球化的思潮,加剧了各国政治、地缘因素以及国际经贸摩擦,导致各国政府和一些跨国公司对供应链安全和稳定的关注增多,对产业链过度集中的担忧上升,并深刻影响了现有国际竞争与合作格局。总体来看,逆全球化思潮在中短期内并不会彻底反转,而是还会持续发酵。这种态势已影响到科技领域,对气象科技正常的竞争合作关系也造成影响。当前,我国气象关键领域核心技术受制于人的格局没有根本改变,特别是数值预报模式与国际先进水平存在明显差距。"十四五"及更长一个时期,我们要认识差距、弥补不足,努力在气象科技的国际合作和博弈中取得主动,毫不动摇地强化科技型事业定位，提升气象综合科技实力，推进国家气象科技创新体系建设和研究型业务发展，加强气象基础研究，重点突破关键核心技术，夯实气象短板，为建设现代化气象强国提供强大的科技引领和支撑。

（四）构建人类命运共同体，要求我们为国家参与全球治理提供支撑

高影响天气、水和气候极端事件对人类安全、国家经济、城市和农村环境以及粮食及水安全具有破坏性后果。1998—2017 年期间，极端水文气象事件占世界灾害的 90% 以上。天气极端事件、自然灾害、适应和减缓气候变化失败以及水危机已经多年被世界经济论坛确定为全球最高风险。全球气候变暖加速，导致这些极端事件的频率和强度升高，需要世界各国从人类命运共同体高度携手应对。而且，新冠疫情的全球肆虐凸显人类命运共同体理念的价值，让构建人类命运共同体更加迫切。就科学应对气候变化和减少灾害风险而言，《2030年可持续发展议程》《巴黎协议》和《2015—2030 年仙台减轻灾害风险框架》等议程协议需要更多地付诸行动，对气象支撑国家参与全球治理提出更高需求。此外，服务保障遍布全球的国家利益和不断增强的大国责任，促使我国气象必须走向全球。这都需要我们为服务党和国家事业全局、保障人民安全福祉在气象方面作出更大贡献，为改善全球气候环境、推进世界气象治理提供中国方案、贡献中国智慧。

二、国内形势

我国已进入高质量发展阶段。国民生产、经济发展、人民生活、生态建设等都对气象发展提出了新需求。需要着眼于气象事业的高质量发展，推动气象事业转变发展方式、优化事业结构、转换发展动力。

（一）统筹发展与安全，要求我们服务保障国家重大战略，筑牢气象防灾减灾第一道防线

统筹发展和安全，增强忧患意识，做到居安思危，是我们党治国理政的一个重大原则。我们要准确把握发展和安全的关系，以发展促安全、以安全保发展，既要善于运用发展成果夯实国家安全的实力基础，又要善于塑造有利于经济社会发展的安全环境。要求我们推动气象工作紧密融入国家重大战略、经济社会发展各方面和各地区各行业，筑牢气象防灾减灾第一道防线。切实发挥气象在国家防灾减灾中的监测预报先导作用、预警发布枢纽作用、风险管理支撑作用、应急救援保障作用、国际减灾示范作用；强化生态文明气象职能，充分发挥气象对生态灾害的预警防治作用、生态保护的服务支撑作用、绿色发展的基础保障作用、生态治理的考核评价作用;强化气象为农服务职能,保障乡村振兴和决战决胜脱贫攻坚;深入实施军民融合气象发展战略,保障国防和军队现代化建设;推进气象"一带一路"发展,为构建人类命运共同体保驾护航。切实做到服务保障生命安全、生产发展、生活富裕、生态良好。

(二)以双循环推动气象发展,要求我们加快气象强国建设,满足人民群众美好生活的需要

加快形成以国内大循环为主体、国内国际双循环相互促进的新发展格局,是以习近平同志为核心的党中央着眼中国经济中长期发展做出的重大战略部署。聚焦到气象工作上,要求我们坚持以人民为中心的发展思想,牢牢把握气象工作的基础性公益性的基本定位,发挥好自身优势,用好"两个市场""两种资源",推动气象高质量发展。这就需要我们加快建设气象强国,大力推进气象现代化建设,围绕"监测精密、预报精准、服务精细"目标,走自主创新的发展道路,主攻气象关键核心技术,解决好"卡脖子"难题,抢占地球系统科学前沿研究制高点,实现引领性原创成果的重大突破,为我国气象高质量发展增添新的动能和优势。让现代化的发展成果更好地满足人民美好生活日益增长的需要,主动适应居民消费结构和需求层次不断升级的趋势,增加高品质气象服务供给。激发市场的活力,发挥市场在资源配置中的决定性作用,推进气象服务需求和供给双侧协同。同时,推进气象"一带一路"发展,提升气象全球监测、全球预报、全球服务能力,打造"中国天气"品牌全球服务。

(三)提升气象治理效能,要求我们全面深化改革,完善气象发展的体制机制

推动气象高质量发展,提升气象治理效能,要求我们必须主动适应国家治理体系和治理能力现代化的要求,全面深化气象重点领域改革。推动气象服务供给侧结构性改革,强化国家重大战略气象保障职能,以社会化为导向大力培育和发展专业气象服务,建立与全球气象服务发展相适应的体制机制。推进气象业务科技体制改革,以数据为中心重构集约贯通的业务流程,以科技为引领发展研究型业务,强化科技成果转化,推动新技术应用。推动气象管理体制机制改革,完善双重领导管理体制,推进气象领域中央与地方财政事权和支出责任划分改革,深化事业单位改革。推进人事制度改革、强化人才支撑。优化科技人才创新环境,完善人才政策和人才培养机制,建立健全以创新能力、质量和贡献为导向的人才评价体系，完善人才创新激励机制。

三、发展取向

基于上述形势判断与要求，"十四五"时期，推进气象事业发展要注重以下几个方面。

(一) 更加注重市场在资源配置中的决定性作用，激发气象要素市场活力

发挥市场在资源配置中的基础性作用就是要尊重市场运行规律。必须建立公平、开放、透明的气象服务市场规则，形成统一的气象服务市场准入和退出机制，鼓励和支持气象信息产业发展。积极培育气象信息服务产业，扶持气象科技企业发展，提高市场竞争力和国际竞争力。深化气象供给侧结构性改革，发展气象服务新业态。研究建立气象数据开放和数据资源有效流动的制度规范，激发气象要素的活力。完善基本气象资料和产品使用监管政策制度，加大气象资料和产品的社会共享力度。

(二) 更加注重以人民为中心的价值取向，让气象发展成果更多惠及全体人民

全心全意为人民服务是气象工作的根本宗旨，满足人民美好生活需要是气象工作的根本出发点和落脚点。必须顺应社会主要矛盾转化的背景，牢牢把握气象工作关系生命安全、生产发展、生活富裕、生态良好的战略定位，针对个性化、专业化、精准化气象服务需求，创新气象服务业态和模式，大力发展智慧气象服务，推动气象服务转型发展，提供更加智能、精准、互动、普惠的气象服务，不断增强人民群众的气象服务的获得感、幸福感、安全感。

(三) 更加注重紧扣发展用功，以改革的办法破解气象事业高质量发展难题

发展问题从根本上说也是改革问题，体制机制不顺发展就会出问题。要坚持问题和目标导向相统一，聚焦发展所需、基层所盼、民心所向，围绕破解气象事业高质量发展的突出难题，围绕实现现代化气象强国建设新的发展目标，围绕发挥气象防灾减灾第一道防线作用的战略重点，围绕加快科技创新、做到监测精密预报精准服务精细的战略任务，围绕增强全球气象发展的中国力量，坚定不移破除解放和发展气象生产力、解放和激发气象人才创新活力的体制机制弊端。

中国气象服务协会社会组织功能辨析

王　昕

（中国气象局公共气象服务中心，中国气象服务协会，北京 100081）

中国气象服务协会 2015 年 5 月 13 日在民政部正式登记注册，是中国气象服务行业唯一一家全国性行业社会组织。值协会脱钩改革与换届之际，我们将聚焦中国气象服务协会社会组织功能发挥，通过对协会组织属性、工作特点、脱钩改革影响与应对等方面问题的讨论，为读者了解中国气象服务协会的定位和功能提供参考。

一、协会是什么样的组织？

社会意义上的组织，是具有一定目标、结构和运行规范，开放性的社会系统。协会首先是一个组织，是具有独立的法人地位的社会团体。根据我国《社会团体登记管理条例》界定，社会团体是指中国公民自愿组成，为实现会员共同意愿，按照其章程开展活动的非营利性社会组织。2016 年发布的《关于印发〈行业协会商会综合监管办法〉的通知》提出要"切实转变监管理念，建立健全综合监管体制，加快推进行业协会商会成为依法设立、自主办会、服务为本、治理规范、行为自律的社会组织。"

根据社会团体一般分类，与协会相关的社会团体主要有三类：一是学术性社会团体，指社会、自然科学领域各种类型的学术团体，如学会、研究会等；二是行业性社会团体，指社会经济发展领域中有行业调控职能，或起到行业主导作用的社会团体，一般称协会；三是联合性社会团体，指区别于以上两种类型、跨行业、有联合体性质的社会团体，如校友会、联合会、联谊会等。

行业协会与学会、基金会、慈善组织、民办非企业单位等机构有很大区别。行业协会主要职能是实现行业自律和行业发展，具有行业组织功能，服务的对象包括政府、行业企事业机构或团体组织，服务面很宽。学会主要是学术团体，侧重于具体领域的学术研究，不具有行业组织功能，服务对象主要是团体内部成员，同时履行政府科技相关委托职能，服务面相对行业协会较窄。基金会侧重于资金项目管理，慈善机构侧重于社会弱势群体救助，与行业协会侧重全行业发展的目标也不同。民办非企业单位主要侧重于具体领域的社会服务，具有公益性质，但并不致力于行业的组织和发展。

协会是非营利性社会组织，这是对协会作为社会组织商业价值取向的基本界定。但协会毕竟不是公共部门（后面会进一步分析），也不是慈善机构。协会要生存和发展，除部分依靠政府财政投入运转的官办协会，协会必须有必要的经费保证运行，并通过扩大服务范围，提高服务质量实现协会更高品质的发展。协会重要的收入来源是会员的会费和政府、相关机构的购买服务，捐赠和面向用户的服务性收入。这些收入的目的是实现社会组织在维护行业秩序、协调会员利益、推动行业交流与发展等方面的目标。协会自身的可持续发展要求其必须具有充足的经费、资源。尤其是在业务服务能力建设、行业自律管理、人才队伍建设等方面，没有充足的经费保障，就无法保证和提高工作质量和品质，也无法让一个协会发展壮大，成为优秀的社会组织。

协会是公益性组织。这一特性使得协会所作所为都是围绕社会公益事业的发展，而不以营利为目的。从这一基本立场出发，我们把协会的工作看作是公共部门事业的重要补充是恰当的。但协会不是公共部门。公共部门的重要标志是主要运行经费来源于政府财政，以实现社会基本秩序的有效运行。保民生基本，提供基础性社会服务是公共部门的基本职责。从这一方面看，协会并不致力于为社会提供最基本的公共服务，它可能会接受政府的委托、购买，为社会提供基础性公共服务，但它自身并不必然具有这种责任和义务。作为非营利性、非官方性社会力量，协会通常被称为"第三部门"，是第一部门（Public Sector）和第二部门（Private Sector）之外的单位。由于社会治理工作的日益复杂，由社会力量发展起来的社会组织在解决社会公共事务、提升服务广度和深度上具有相对于公共部门和私营机构更大的优势。因此，"第三部门"在整个社会治理架构中的作用已经成为当前中国改革发展的重要话题和学术界探讨的热点。此外，因为协会的定位是区别于政府、企业的非营利机构，具有为行业发展服务所必需的中立立场，在协调、规范行业自律方面又经常被作为"第三方机构"。当然，这里所说的"第三方机构"并非协会组织独有的身份定位，主要侧重于协会在协调相关利益方面的价值中立立场。

协会不能被笼统地称为"非政府组织"。一般情况下，非政府组织特指国际上由民间组织组成的以特定项目开展为工作目标的组织形态。在把协会理解为所谓"非政府组织"时，需要避免将协会同政府组织截然对立的错觉。

把协会看作枢纽或桥梁型组织，因为它能够发挥组织、协调行业资源的功能，具有行业内外资源的集结能力。而所谓桥梁，主要指协会能够为政府与企业（社会）、企业之间、行业之间提供一个交流、沟通的平台，及时交换信息，交流意见，化解矛盾，协同发展。

二、全国性行业协会的特殊性

第一，全国性行业协会服务的区域是全国，服务的对象是全行业。《社会团体登记管理条例》明确指出，社会团体的名称应当与其业务范围、成员分布、活动地域相一致，准确反映其特征。全国性社会团体的名称冠以"中国""全国""中华"等字样的，应当按照国家有关规定经过批准，地方性的社会团体的名称不得冠以"中国""全国""中华"等字样。这也充分体现了全国性行业协会在组织机构层级的权威性。全国性行业协会由国务院民政、行业主管部门批准成立，作为国家相关行业管理的重要助手，发挥着重要的行业组织功能。一些全国性行业协会还具有重要的行政职能，这也是全国性行业协会近年来积极改革的重要方面，但从行业组织功能上，全国性行业协会在整个行业的影响力、辐射作用是毋庸置疑的。

第二，全国性行业协会承担全行业自律体系建设的职能。行业协会具有行业自律职能，但全国性行业协会则需要从全行业角度建设行业自律体系，为全行业运行健康发展提供基础性规范。与国家行政管理职能的强制性、通过国家法律法规和司法机器保障不同，全国行业协会所建立的自律体系建立在行业内部协调的基础上，对行业行为的约束性也主要体现在约定规则方面，主要通过行业内部协调、认可和评价机制实现。

第三，全国性行业协会具有推动行业整体发展的职能。全国性行业协会主要功能就是推动全行业发展。这也使得全国性行业协会在行业整体发展方面具有义不容辞的组织职责。从目前全国性行业协会的业务服务职能看，收集行业信息，建立行业公共信息共享平台，开展行业发展研究，参与国家行业法规制定，为国家制定行业相关政策、法律提供决策咨询成为全国性行业协会的必备职能，这也凸显了国家对全国性行业协会在全行业发展中扮演角色的高度重视和认可。

第四，全国性行业协会具有国际、行业间协调、交流、合作的职能。在中国开放合作、经济全球化发展的今天，全国性行业协会必须成为行业对外开放合作的探路者、组织者和引领者。在国际合作层面，政府间合作主要基于国家对外战略，在重要、基础性问题上实现中国政府的立场和诉求。而全国性行业协会在国家合作交流方面则主要侧重于非政府性的、社会的、行业性的交流与合作，通过协调国内行业诉求，更好地为行业"走出去"提供技术、资源、人才、公共关系领域的支持。事实证明，在我国，全国性行业协会在反映行业诉求，推动国际行业产业、科技、人才等资源交流合作方面承担了大量政府机制之外的工作，成为国际行业交流合作的重要渠道。

除此之外，全国性行业协会还承担了大量国家政府委托、购买的面向全行业、全社会的公共服务职能，这些职能的发挥往往建立在全国性行业协会强大的行业资源集结能力之上，是其他机构无法取代的，产生了良好的社会效益。

三、气象服务协会业务和管理的特点

中国气象服务协会现有组织框架主要包括会员大会、理事会、常务理事会、秘书处等，在秘书处设置了综合管理部、会员管理部、发展研究部、气象服务评价部、信用咨询中心五个部门，根据气象行业领域特点，组建了气象传媒产业、气象装备、能源气象、旅游气象、应急预警、预算财务、防雷减灾、气候可行性论证、科普、农业气象十个专业委员会，根据协会承担行业团体标准建设任务设立了标准化委员会，并组建了专家委员会，负责气象及相关领域科技和战略发展咨询顾问。这一架构基本符合国字号行业协会的一般性组织架构，有利于中国气象服务协会在创建之初，按照国家行业协会组织建设的基本要求尽快将工作引向正轨。

中国气象服务协会具有全国性行业协会的一般性特征，包括服务的范围、对象、业务服务和发展的全国性、全行业性。下面我们通过历史沿革、行业需求、组织空间、社会发展四个维度尝试讨论中国气象服务协会业务和管理体系建设的独特性。

第一，从历史沿革看，中国气象服务协会是在气象服务发展到一定阶段、气象服务社会化日益显著的历史背景下产生的，这使它的诞生具有历史的必然性。2014 年中国气象局提出了深化气象服务体制改革的要求，提出"引入市场机制，打破垄断，构建主体多元化的气象服务体系"。而在气象服务体制改革具体实施过程中，落实上述改革目标的重要举措就是打通气象主管部门与市场资源对接（对话）的通道，这需要有一个组织性的机制去实现，中国气象服务协会的组建正是这一解决方案的具体体现。从这一维度，可以看出，中国气象服务协会的业务管理体系建设必须有针对性地与中国气象服务体制改革目标相衔接，肩负着推进和深化气象服务体制改革的重要历史使命。这是它与一般性行业协会业务管理体系建设的核心区别。

第二，从行业需求看，气象服务已经成为中国社会公众和行业广泛需求的必需品，与日常生产、生活密不可分。这也导致国家气象之外，社会气象雨后春笋般，发展。这种发展不是部门规划和推动的结果，而是社会需求为相关供给提供了丰厚的土壤。但这一趋势与部门传统的管理模式并不匹配。过去，气象部门是一个业务科技型事业单位，就如同一个科研教学机构，它的主要精力放在业务科技事业的发展方面，后来意识到对外服务的重要性，提出了以服务为引领的事业建设方向。但思路所及，并未超出部门的视野，这与其他具有很强社会管理职能的行业、部委的运作模式不同。因此，中国气象局在国家改革总体形势下提出深化气象服务体制改革时，必须针对气象社会化方向明确部门内部改什么、怎么改、改革的最终目标是什么。建立面向社会的行业协会，让协会承担气象部门面向社会化改革发展亟待探索的事，应该是最好的选择。从这一维度看，中国气象服务协会可以做的应该是部门没法做、企业做不了、社会迫切需要、行业发展急需的事情。

第三，从组织空间看，气象领域政府管理机构、科研事业机构（含学会）、企业一应俱全，但气象作为一个行业，却没有行业协会，尤其是全国性的行业社会组织，这是不可想象的。如果说此前由于气象部门把自己理解为一个科研业务单位，落实国家部署任务的事业单位，那么，随着社会气象机构的不断涌现，社会气象服务需求的不断增长，气象作为一个行业的属性日益显著，行业行政管理需要进一步强化，行业社会化管理需要建设和完善。这是中国气象服务协会看似"横空出世"，建起来之后各项工作能迅速展开的根本原因。从这一维度，中国气象服务协会必须加快与自身社会组织功能相关的业务和管理体系建设，弥补气象行业组织架构的空白。

第四，从社会发展看，国家治理体系和治理能力现代化，政府职能转变、服务业的快速发展、社会力量在实现更广泛深入的社会服务需求所起到的不可替代的作用，都需要行业协会这样的社会组织发挥更加重要的作用。换句话说，气象服务事业未来的发展离不开行业协会这样的社会组织，气象服务社会化的发展需要更多的社会化机构、社会化服务的参与。而这些，正是气象服务体制格局所应具备的。从这一维度，中国气象服务协会的业务和管理体系建设必须面向气象服务社会化发展的未来方向，从整个国家治理体系和治理能力现代化的视野去构建完善科学、高效的气象服务社会组织。

四、行业协会脱钩改革对协会发展的影响

2015 年 7 月，中共中央办公厅、国务院办公厅印发《行业协会商会与行政机关脱钩总体方案》，将与其主办、主管、联系、挂靠的行业协会商会，其他依照和参照公务员法管理的单位与其主办、主管、联系、挂靠的行业协会商会作为脱钩主体，要求加快形成政社分开、权责明确、依法自治的现代社会组织体制，理清政府、市场、社会关系，积极稳妥推进行业协会商会与行政机关脱钩，厘清行政机关与行业协会商会的职能边界，加强综合监管和党建工作，促进行业协会商会成为依法设立、自主办会、服务为本、治理规范、行为自律的社会组织。要通过改革创新行业协会商会管理体制和运行机制，激发内在活力和发展动力，提升行业服务功能，充分发挥行业协会商会在经济发展新常态中的独特优势和应有作用。同时提出脱钩的 4 个基本原则：坚持社会化、市场化改革方向；坚持法制化、非营利原则；坚持服务发展、释放市场活力；坚持试点先行、分步稳妥推进。在具体内容上，提出了 5 个分离，即，机构分离、职能分离、财务分离、人员管理分离以及党建、外事分离。

从 2015 年开始，国家先后分三批对国家部委主管的"国字号"行业协会开展了脱钩改革试点，改革力度空前。国家提出行业协会商会改革，针对的是过去中国很多官办协会政会不分、职责不明、缺乏合理的社会总体组织架构、利益不合理输送，以及影响市场秩序正常运转等问题。本来，作为行业协会、商会其主旨功能就是行业自律和发展行业，但由于上述问题的存在，这两大职能不仅没有有效发挥，在很多情况下反而成为行业垄断、资源隔离、市场公平秩序混乱的来源。因此，重新确立行业协会组织的社会组织功能，将行业协会组织纳入国家整体组织治理架构，推动政府、行业、企业、社会资源的有效流通，提升国家社会综合治理能力已十分迫切。不存在改与不改、脱与不脱的问

题，只有怎么改、怎么脱、加快改、尽快改的问题。

这里需要注意的是，在此次行业协会商会改革之前，行业协会的管理模式是"双重管理"，也就是作为登记机关的民政部门和作为主管单位的相关部门对协会商会具有双重管理要求。这一体制架构在很大程度上导致民政部门行业监管的缺失和弱化，主管单位管理的业务化、部门化，行业协会商会成为部门的业务、管理机构，其社会组织功能、行业自律功能、行业社会资源集结功能均无法正常发挥。在这一背景下，所谓"红顶中介"，所谓"二政府"就成了"官办"协会商会的别称。

中国气象服务协会建立刚满5年，其行业引领力、资源整合力、社会影响力有限，内部组织架构、业务服务体系均有待完善，在"国字号"协会中属于"新兵"，是"还没有与相关行业资源挂钩，就面临脱钩"的协会。这是中国气象服务协会脱钩改革面临的独特性。也正是因此，协会脱钩改革面临着巨大的挑战。除了一些研究者提出的普遍问题，包括职能定位、整体活力、法律规范、保障机制、竞争引入等问题，主要面临如下挑战。

挑战之一：行业引领作用的发挥问题。过去，行业协会的行业引领力主要以相关部门为支撑。在部门充分授权、资源高度集中、行业管理内部化的背景下，行业协会取得行业引领地位的渠道有政府部门保障。但脱钩之后，拆除了行业协会背后的"靠椅"，协会必须靠自身的资源集结能力和服务行业发展的能力立足，没有强制约束性的行业管理权能，能否赢得行业和社会信任、支持和认可存在不确定性。

挑战之二：业务服务功能发挥问题。在以政府部门为支撑的情况下，很多行业协会的业务服务方向往往是部门导向的。部门在所主管的行业协会业务服务发展上也更偏重于政府行政服务体系的完善和协同，在此基础上，很多行业协会实际上履行了政府部门业务直属单位的职能。而面向会员、面向行业的服务功能相对弱化，或没有稳定的资源支撑。在政府部门支持的情况下，行业协会业务服务体系的政府部门导向并不影响协会稳定运行，包括人财物方面的常规来源。但脱钩之后，政府部门已经无法在社会市场法则之外向这些行业协会输送资源，在社会力量不断发展的今天，很多行业协会的服务能力有限，已经无法满足政府部门的需要，"断奶"、面向社会公开寻求服务对很多行业协会都是一种挑战。

挑战之三：自身建设问题。在对全国性行业协会调研时发现，很多行业协会的部门设置具有很强的业务属性，也就是说，这些协会的机构设置、业务板块是按照自身作为行业主管部门的直属机构属性来设计的。而面向会员、行业、社会服务的职能、机构设置相对弱化，社会化、市场化特征不明显。这一状况在协会脱钩之后如果得不到根本性改善，这些行业协会面向会员、行业服务功能的发挥、服务能力的提升都会面临功能性障碍，极易导致工作职责不清、服务对象与机构设置的不匹配和混乱。

挑战之四：社会资源集结能力问题。这一点对于一些具有较大社会影响力和成熟的资源链接渠道的行业协会是一个优势，但对于很多偏重部门服务的协会则是软肋。还有一个不确定性在于，过去，一些依托部门力量成长起来的行业协会之所以能获得充分的社会资源，主要依靠的是部门资源独家垄断对外的交换和输出，一旦这些条件不具备，或政府部门将垄断资源向社会放开，原有的协会优势将不复存在，是否能获得有效的社会资源将成为未知数。

但另一方面，行业协会商会脱钩改革对于中国气象服务协会的发展也是难得的机遇。

机遇之一：独立运行，组织功能明确。这一点并不意味着中国气象服务协会可以独立于气象行业发展而自成体系。相反，脱钩使中国气象服务协会更明确自身作为行业社会组织，与政府部门、直属业务单位、部门隶属机构具有完全不同的社会组织功能。这会对中国气象服务协会业务服务和管理体系的建设思路产生决定性影响。

机遇之二：行业引领作用充分发挥。作为独立的全行业性质的行业社会组织，中国气象服务协会在气象行业自律、行业发展方面的作用是不可替代的。这一点不仅需要社会力量的广泛认可，也需要气象行业主管部门的认同。这种社会组织功能主要体现在沟通、协调、服务三个方面。作为社会第三方，它介于政府、企业和社会"之间"，而不是任何一方。这种地位的确认是中国气象服务协会实现行业引领作用的前提。

机遇之三：自身建设完善。主要体现在对人财物三方面的充分自主支配。在原有框架下，协会的人，主要是兼职人员，从总体上无法适应协会作为社会组织的专业化需要；协会的财，因为受制于体制机制、人员结构、组织功能的不明确，无法根据协会自身发展得到充分有效的使用；协会的物，往往来源于挂靠依托单位，很难根据协会自身需要做出合理的处置和安排。而独立运行后，协会完全可以根据自身发展需要去规划自身的软硬件条件，这与目前很多企业取得独立的市场地位后能够自主决策、自负盈亏、自主发展的情况相似。

机遇之四：推动工作创新。在充分履行部门委托职能基础上，不断创新服务，提高服务能力和服务品质，是协会独立运行的必然。脱钩改革，意味着行业资源的进一步社会化、市场化。协会的行业资源整合力必须主要依靠自身能力而不是与相关部门资源的亲缘关系而获得。在不断公开透明的市场环境下，协会要赢得更多的部门、社会资源和支持，前提是自身过硬的服务加工能力，这种竞争的压力无疑会对协会自身能力的建设产生积极、正面的影响。

需要说明的是，上述机遇总体建立在协会自身能力有一定基础之上。由于上文提到协会改革之前政社不分导致行业协会商会自身业务服务能力建设的缺失，在脱钩的过程中，一些协会出现了体制转型不到位、人员流失、资金保障不足、机构功能定位不清、发展方向不明等问题，这些问题的存在从根本上讲不是脱钩改革带来的，而是协会与行政机构职责不分、长期功能弱化、业务服务畸形发展的结果，只能通过进一步更加彻底的改革来化解。

五、如何适应脱钩改革后的新形势?

第一，明确自身定位和发展目标，避免组织功能弱化。要明确自身作为社会组织的基本组织性质，避免行政职能与社会组织职能混淆不清带来的业务服务体系混乱。这里需要搞清楚由政府部门委托或通过购买开展的业务服务与协会自身业务服务和管理之间本质的区分：政府委托或购买的项目是承接性服务，可以独立开展，也可以纳入协会整体业务服务体系框架。但如果单纯依靠政府指派的项目以及由此带来的经费和资源支撑，弱化协会自身核心业务服务，不仅会严重影响本职功能发挥，一旦政府委托事项结束，或政策调整，协会将蒙受难以在短期内弥补的巨大损失。这在近期国家行业协会脱钩改革试点过程一些协会的实践中得到了印证。

第二，最大限度地拓宽资源渠道，夯实协会发展基础。行业协会脱身于行业部门，行业资源是协会成长发育的重要根基。建立与行业主管部门紧密友好的协同关系对于协会充分发挥行业组织功能具有重要意义。与此同时，协会作为社会组织，其对资源的集结功能需要突破行业，引入更广泛的社会资源，通过社会化机制有效发挥行业与社会资源融合对接的独特作用。从这一点看，为应对协会脱钩改革带来的挑战，在有限的时间内中国气象服务协会必须加快自身资源渠道体系建设，通过拓展资源来源渠道，夯实自身发展的基础，为后续更稳步的发展提供有力支撑。

第三，做强骨干业务服务，提升行业社会影响。作为全国性行业协会，其功能所及是全行业、全国范围的。这就要求中国气象服务协会始终把做强面向全行业的骨干业务服务能力摆在协会工作的首位，通过建设、完善骨干业务服务体系，提升自身面向行业和社会稳定的服务供给能力，在行业内外树立积极形象，为独立运行和发展塑造良好的外部环境。

第四，建设精干高效的专业化队伍，打造优质服务。一些行业协会缺乏专业队伍，主要因为协会人员来源单一，从原有行业领域兼职人员居多。从有利的方面看，这种人员结构有利于行业服务的专业化、针对性。但从长远看，由于缺乏对社会组织机构运行的专业知识，加之后期教育培训工作不到位，这些人员很难适应社会组织发展的需要。从能力上看，作为社会组织工作者，首先要牢固树立自身社会工作者的角色定位，深入学习社会工作者所必备的专业知识和技能，同时能突破既往专业、部门局限，真正站在社会整体发展角度，思考、实践协会组织发展路径，提升自身职业素养，打造优质服务，建设行业与社会资源高度融合的优秀社会组织。

参考文献

德鲁克，2015.非营利组织的管理 ［M］.吴振阳，等，译.北京：机械工业出版社.

黄江松，2015.北京社会组织发展与管理 ［M］.北京：社会科学文献出版社.

黄晓勇，2017.中国社会组织报告 2016—2017 ［M］.北京：社会科学文献出版社.

景朝阳，李勇，2015.中国行业协会商会发展报告 2014 ［M］.北京：社会科学文献出版社.

李璐，等，2015.社会组织参与社会管理研究 ［M］.北京：中国计划出版社.

唐兴霖，2013.国家与社会之间：转型期的中国社会中介组织 ［M］.北京：社会科学文献出版社.

余晖，2014.中国社会组织的发展与转型 ［M］.北京：中国财富出版社.

詹成付，廖鸿，2015.2015 年中国社会组织理论研究文集 ［M］.北京：中国社会出版社.

中国气象服务协会，2015.构建有吸引力的气象服务市场 ［M］.北京：气象出版社.

中国气象局，2014.气象服务体制改革实施方案 ［Z］.

发挥气象行业协会作用　建设气象培训体系

刘俞杉　董丹蒙

（中国气象服务协会，北京 100081）

近年来，气象工作越来越被社会各行业所重视，同时对气象服务的需求也越来越高，作为气象部门成立的第一个全国性、行业性、非营利性社会组织，中国气象服务协会对于推动整个气象行业的发展有着积极的影响力。

与此同时，党中央、国务院对人才和干部培训工作给予空前的高度关注，在国务院发布的《关于大力发展职业教育的决定》中明确指出："行业主管部门和行业协会要在国家教育方针和政策指导下，开展本行业人才需求预测，制定教育培训规划，组织和指导行业职业教育与培训工作"，从而，行业协会在现代市场经济中的地位越来越受到瞩目，成为政府决策的"参谋"和市场主体的"服务者"，作为我国整个教育培训事业的有机组成部分，行业社会组织在教育培训工作中发挥了强有力的支撑作用。

一、国外各行业协会培训职能概述

在国际社会中，由于各国社会组织结构中各个主体间的相互关系，尤其是行业协会与政府的相互联络，以及行业协会与企业乃至市场的相互关系，使得各国行业协会在组织和管理上的差异比较大。按照行业协会与政府的相互关系，可以分为两类：一类是完全以企业自发组织和自发活动为纽带的行业协会模式，简称"水平模式"，比如美国行业组织、行业协会种类特别多，形式上也多样；另一种模式是"垂直模式"，即大企业起主导作用，中小企业广泛参与，政府也发挥行政作用的行业协会，如德国、日本、韩国的行业协会都是这种模式。

行业协会尤其在企业的教育培训方面起着举足轻重的作用，作为企业和政府之间的桥梁，其不仅代表企业利益，也为企业提供了公共服务和人才储备，有责任和义务向政府汇报行业内企业的具体情况，并进行督促企业执行政府的政策方针。

（一）提供教育培训政策的建议

在美国，行业协会会为了会员的利益到政府协调沟通，驳回不利于本行业会员的培训法案，协助政府制定有利于本国企业的人才培养法案政策，为企业在国内外竞争中保驾护航。法国的行业协会更是注重培训的影响力，作为企业的反馈者，常常向政府反映行业企业人才供需的真实情况，使政府及时掌握关于企业的第一手资料，准确无误地反馈企业的困难、意见和见解，实现企业和政府之间的沟通无障碍，从而为企业争取利益的最大化。

（二）提供教育培训

在德国，行业协会对不同层次和不同类型的人员提供脱产和在职培训，并对青年人进行岗前培训，不断更新从业者的知识结构，提高劳动者的素质，增加其获得工作的机会。协会负责向需要进行培训的人员提供有关职业培训机构的情况，并对培训单位和培训教师进行资格审查；为企业员工出具合作、合资所需的权威性学历和专业资格鉴定等。英国的行业协会的教育培训由于良好的行业背景和专注程度，行业协会在企业培训中一枝独秀，他们能根据企业的需求制定培训计划，并且培训内容上很大一部分与职业资格证书制度挂钩，因此培养了大批的实用型人才。

（三）提供教育培训资格认证

由于行业协会对本行业劳动力发展了如指掌，所以由行业协会来制定本行业的规章制度是最为科学和实际的。比如英国，伦敦行业协会是专业人员资格认证的权威机构，实行培训职业专业资格等级认证和资格审查，英国伦敦行业协会已得到世界百余国家的认可和接受。同样，法国的行业协会也会为企业提供培训认证，为培训机构产品做宣传推广，打造行业培训品牌。德国行业协会也会为企业员工出具国外合作、合资所需要的权威性学历和专业资格鉴定，证明员工经过培训已掌握所需知识和技能。

（四）提供教育培训信息咨询

在法国，法国行业协会一般都开设有自己的网站，会员可以登录，获知最新人才信息和动态，并且协会还会向企业发放人力资源刊物，为企业开阔视野，保障企业走在人才、科技和信息前沿。德国行业协会为企业搭建人才信息平台，为会员提供培训政策咨询、法律公告，协助企业进行员工培训的可行性研究，避免企业培训投资浪费而带来的不必要损失。

（五）开展教育培训协调交流

行业协会针对中小企业培训投入难的问题，通过自身信誉和实力，组织各种交流会、研讨会。例如，德国行业协会为会员在企业培训和人才储备时遇到的困难提供援助，提供培训交流活动。而日本的经济团体联合会，其中章程中就明确规定：进行内外培训情报交流，资料刊发，出版机关刊物，举办人才培育演讲会、研讨会。

二、气象行业协会培训发展现状及建立培训体系

目前，在气象行业来看，气象培训的主力军在中国气象局气象干部培训学院（简称"干部学院"），但干部学院培训的主要对象是气象局直属的各个气象部门人员，往往气象相关企业无法参与其中。换而言之，针对气象企业的培训是一个巨大的缺口，更是需要像中国气象服务协会这样的行业协会来参与其中，通过权威行业协会机构认证培训，气象企业提高员工技能，最终转化为企业生产力。因此，以行业协会为主体的培训发展前景乐观，更需要中国气象服务协会战略踏实规划、稳扎稳打，为会员单位及企业打造一个完善的培训体系。

在气象行业的职业培训和教育培训，可以借鉴国外培训的体系及展开多方的合作，积极探索展开气象行业培训工作的新路，努力开拓气象行业培训和职业教育的新局面。

（一）广泛开展调研，制定教育培训规划

中国气象服务协会的教育培训工作处于初始阶段，为了发展行业培训和职业教育工作，协会应从调查研究入手，摸清气象行业"家底"，尤其是气象行业各企业的需求。在行业内开展调研活动，全方位深入了解从业人员的整体素质和培训工作现状。通过调查问卷、走访、召开座谈会等形式，基本掌握气象行业从业人员的培训需求。

（二）建立培训标准和规范、稳扎稳打夯实基础

气象教育培训工作的基础是行业的标准和规范。为了给气象教育培训工作夯实基础，行业协会联合相关政府管理部门专家、高职院校、业内技术专家、教育培训专业人士等成立培训工作专家组，专门从事行业培训新项目的开发、标准规范的制定、指导培训工作的开展。连同气象职业培训和从业人员资格认

定，开展各类规范，标准和培训考试大纲、新的上岗等级及培训教材。

（三）开展多方合作，创新教育培训机制

气象教育培训工作应该是开放式的、有针对性的，必须充分依靠和利用多方教育培训资源。行业协会在培训教育工作中，应扮演好"立交桥"的角色，积极拓宽渠道、整合资源，拓展教育培训协作，努力实现培训资源共享。

1. 建立与政府机构合作关系

政府负责行业发展的经济宏观调控，企业是面向市场的自主经营主体，行业协会是政府与企业之间的桥梁和纽带，这种桥梁和纽带的关系就可以通过教育培训来传达政府与企业之间的交流。比如行业协会可以组织开展培训工作，针对政府的行业规划、发展战略、产业政策、法律法规对相关企业宣导传达。同时，通过开技术交流培训会、研讨会等形式，针对国家投入的技术改造、技术引进、投资与开发项目等做好沟通交流，也是对政府的各项工作加强质量监督与管理。

2. 加强与高职院校交流分享

行业协会的另一个优势是可以牵头与高职院校建立经常性的对话机制，搭建双方信息交流的平台，保证与高职院校的信息畅通，同时有效地转达信息给会员企业，让校企双方能够有机会互相交流信息。如行业协会可以全面收集行业内企业相关信息，针对企业的需求，利用高职院校丰富的教学优质资源，发挥高校自身优势，做好学术研讨与经验分享，举办服务性专业培训。同时，根据为校企双方提供技术专家的信息，人才供求的信息、实习岗位信息、技术研发等信息，举办行业论坛、发行行业刊物等。目前，中国气象服务协会已与南京信息工程大学开展培训合作，发挥协会引领作用，开展创新性工作，将为行业整体能力提升提供高标准。2020 年，中国气象服务协会、中国气象局公共气象服务中心与南京信息工程大学共同成立了"气象产业研究中心"，在国家重大战略的气象服务需求、气象与相关行业融合发展、气象产业发展等领域开展研究工作，为气象行业的培训奠定了强有力的科研基础。

3. 了解企业需求 制定培训规划

行业协会的一项重要任务就是向会员企业提供各种服务。协会充分地了解企业需求后，策划培训方案，精选培训内容，开发培训课程，编制培训教材，遴选优质师资，建立培训网络，形式可以多样化，如主题讨论、企业沙龙、交流展会等，调动企业培训的积极性，为企业提供教育培训指导。企业可以通过协会组织的各项培训及时地了解气象行业发展、技术创新、服务教育等方面的最新动态，找准企业自身发展的方向，不断提高从业人员的行业素质、管理水平和业务竞争能力。中国气象服务协会近两年来开展针对防雷、石油化工防雷、风能太阳能等气象方面的培训，为气象企业提供良好的学习交流平台。

4. 利用协会专业委员会资源　开展多样化多形式培训

中国气象服务协会目前下设 10 个专业委员会，分布气象行业的各个领域，目前 10 个专业领域划分已组建成立气象传媒产业委员会、气象装备委员会、能源气象委员会、旅游气象委员会、应急预警委员会、预算财务委员会、防雷减灾委员会、气候可行性论证委员会、科普委员会、农业气象委员会。通过专业委员会与气象行业的资源整合，举办具有针对性的服务培训，如预算财务委员会连续 4 年举办"政府会计制度信息系统实务操作、气象规划与项目及国有资产管理培训班""气象部门计财管理高级研修班"等，共计举办已有 30 余期的财务专项培训班；防雷减灾委员会举办"全国石油化工防雷专题培训班"等多个防雷相关专业培训；旅游气象专委会连续 3 年举办"中国天然氧吧创建培训班"等。通过不同专业委员会组织的培训，不但维护与会员企业的联络，同时使协会的培训资源多样化，充分发挥了协会的资源整合优势。

（四）结合现代化培训发展趋势　建立气象线上教育平台

随着现代化发展的进程，不断拓宽气象培训平台，打造现代化教育培训系统，应建立教育网络系统。尤其是对于行业协会来说，远程培训教育系统的开发建设，既完成了气象教育资源的共享，又实现了教学信息的相互交流，通过远程教育培训的部署，能够统筹安排，整体部署，及时研究解决培训体系建设中出现的问题，不断完善行业协会培训资源共享和优势互补，充分发挥行业协会培训体系整体效能。中国气象服务协会虽尚未建立自己的远程培训教育系统，但是通过资源共享，与南京信息工程大学合作，利用南京信息工程大学在线网络教育平台，开展了"全国石油化工防雷线上培训"，通过联合机制，为未来中国气象服务协会开发教育网络系统积累丰富的经验，奠定良好基础。

总之，中国气象服务协会作为目前中国气象部门唯一的全国性行业协会，培训教育工作任重而道远。协会只有根据气象行业和企业的实际需求，在实践中不断探索，总结工作中的经验和教训，开拓进取，不断创新才能打造出一条真正适合气象人、适合中国气象服务协会教育培训的新路，真正服务好会员企业，为气象行业企业攻占人才的高地。

参考文献

海曼，1985.协会管理 [M].尉晓鸥，等，译. 北京：中国经济出版社：125.

康宛竹，2009.行业协会的国际比较与借鉴 [J].经济研究导刊（5）：198-200.

颜世富，2007.培训与开发 [M].北京：北京师范大学出版社.

于静涛，2008.行业协会概念论析 [J].福建政法管理干部学院学报（2）：55-59.

探索气象数据市场化配置体制机制
推进气象产业发展

叶梦姝

（中国气象局气象干部培训学院，北京 10081）

一、前言

所谓气象数据，是指通过观测监测、考察调查、收集交换、科学研究、试验开发、生产分析、授权管理等方式，获得的关于大气状态和天气现象的数据，可包括数字、文字、符号、图片和视音频等多种形式。气象数据是气象业务和服务的基础，气象数据服务是气象服务最重要的形式之一。

党的十八大报告中指出，"当今世界社会信息化持续推进，科技革命孕育新突破"，并提出了"发展现代信息技术产业体系，健全信息安全保障体系，推进信息网络技术广泛运用""推进政府及公共事物信息公开"等新要求。

为贯彻落实党的十八大精神，2015 年 6 月中国气象局施行《气象信息服务管理办法》，开放气象信息服务市场，培育气象信息服务市场主体，规范气象信息服务活动，更好地满足经济社会发展和人民生活对气象信息服务的需求。

党的十九大以来，党中央提出以供给侧结构性改革为主线，推动经济发展质量变革、效率变革、动力变革，提高全要素生产率，着力加快建设实体经济、科技创新、现代金融、人力资源协同发展的产业体系。以上经济发展"三大变革"的抓手和重点，就是要"加快完善社会主义市场经济体制，以完善产权制度和要素市场化配置为重点，实施经济体制改革"。

2019 年 10 月 31 日，党的十九届四中全会通过了《中共中央关于坚持和完善中国特色社会主义制度 推进国家治理体系和治理能力现代化若干重大问题的决定》（简称"《决定》"），进一步细化了推进要素市场化配置的重大部署，明确提出，要"健全劳动、资本、土地、知识、技术、管理、数据等生产要素由市场评价贡献、按贡献决定报酬的机制，推进要素市场制度建设，实现要素价格市场决定、流动自主有序、配置高效公平"，"数据"被作为单独的新型要素首次写入了中央文件。

2020 年 3 月 30 日，正在新型冠状病毒疫情全球蔓延、深刻影响全球经济社会发展格局之际，中央第一份关于要素市场化配置的文件《中共中央　国务院关于构建更加完善的要素市场化配置体制机制的意见》（简称"《意见》"）发布，明确提出"深化要素市场化配置改革，促进要素自主有序流动，提高要素配置效率，进一步激发全社会创造力和市场活力，推动经济发展质量变革、效率变革、动力变革"。

在数据要素方面，《意见》提出要"加快培育数据要素市场、加快要素价格市场化改革、健全要素市场运行机制"，尤其值得关注的是，《意见》对气象数据提出了明确要求："推进政府数据开放共享。研究建立促进企业登记、交通运输、气象等公共数据开放和数据资源有效流动的制度规范。"

为进一步规范气象数据管理，加强气象数据资源整合，保障气象数据安全，促进气象数据开发利用，维护国家安全和社会公共利益，2020 年 10 月中国气象局印发了《气象数据管理办法（试行）》（简称"《办法（试行）》"），对气象部门组织开展的气象数据收集汇交、加工处理、保存使用、共享服务、安全监管等工作进行了规范，以重点推动国家安全、公共安全、国防建设、防灾减灾等需要。

近十年来，数值天气预报、资料同化、多源资料融合、卫星遥感等气象技术发展迅速，不断扩展着气象数据的外延和内涵，国家和行业政策层面对气象数据市场化提出了新的要求，信息技术迅速发展为数据流动、交易和管理提供了新的可能，随着气象信息服务市场的放开，云计算、大数据、物联网、人工智能、移动通信、区块链等技术在气象信息服务产业中的应用逐渐加深，气象数据服务市场化进程正处在历史的岔路口，进入了战略机遇期。

二、形势分析

（一）中央对气象数据要素市场化新要求

随着信息技术革命的深入，互联网、大数据、云计算、物联网、人工智能的进一步发展，数据在社会发展中的地位与实际作用甚至已经超过了土地、劳动力等传统要素，是未来最重要的生产资料。《意见》作为中央第一份关于要素市场化配置的文件，明确了要素市场制度建设的方向和重点改革任务，并对十九届四中全会《决定》中首次提出的"数据"要素进行了单独部署。

数据要素的改革重点在于加快培育市场。和土地、劳动和资本这些要素不同，数据是一种无形的生产要素，其权属划定、定价机制、市场监管方式都不清晰，但其中蕴含着巨大的价值。交易能够让数据增值，但交易的前提是有市场，因此需要加快培育要素市场。

对于气象数据而言，其以往的流动形式主要以世界气象组织（WMO）框架下的国际交换，政府部门之间的数据交换等为主，部分为免费交换或者收取少量费用，数据的应用场景以公共服务为主，整体气象数据流动主体相对较少，业态相对单一，应用场景有限，数据交易规模仍有较大提升空间。

《意见》提出了三个核心目标：一是推进政府数据开放共享，目的是提高公共部门数据的利用效率，更好地实现社会效益；二是提升社会数据资源价值，数据和各个行业深度融合，并培育数字经济新产业、新业态和新模式；三是加强数据资源整合和安全保护，由于现阶段公共安全保护尚存在制度短板，不加保护很可能造成数据滥用、监管失效，侵害各方利益。

（二）国家数据安全和全面科技创新的机遇和挑战

基于国家数据安全和公民隐私，各国政府与企业都对数据交易规则边界十分敏感。随着智能时代海量数据的积累，数据已逐渐演变成与其他生产资料一样更中性、更具体的存在，并将超越国家、种族、文化，成为无所不在的生产力要素。因此，在数据市场中，不创新不行，创新慢了也不行，谁先用起来，谁就占有先机。在气象领域表现在以下两方面。

一方面，推动各类气象数据产品研发，有助于推动实现气象核心技术自主可控。在经济全球化遭遇逆流，单边主义、保护主义、霸权主义威胁频现的后疫情时代，尽快降低国内政府部门和企业对国外数值预报产品、大气再分析数据集、卫星遥感资料、多源资料融合产品等数据的依赖，是扭转核心技术"卡脖子"、推动科技自主创新、实现安全自主持续发展的关键。

另一方面，更早、更广泛、更包容地发展数据共享与交易，有可能让我国气象拥有赶超机遇。近年来，中国气象成为"世界气象中心"，利用风云气象卫星为"一带一路"沿线及相关国家和地区服务，拥有了影响世界气象格局和提升中国气象领导力的条件，加之我国在互联网、人工智能、量子计算与区块链等新技术应用领域领先全球的优势，在新时代，借力数据要素，中国可以凭借数据积累和技术实力，为世界气象事业发展输出"数据动力"和"数据原料"。

（三）信息技术支撑下气象数据治理新可能

气象大数据时代已经来临。有专家学者认为，构建合理的数据治理体系是交付可信、安全的信息并最大化挖掘气象数据的价值的基础，是走上信息集合、治理有序、价值聚变的良性道路的必然选择。数据治理涵盖的范围非常广泛。国际数据管理协会（DAMA）认为，数据治理是对数据资产管理行使权力和控制的活动集合，包括元数据和主数据管理，数据标准、质量、交换、资产、安全、生命周期、价值管理等。气象数据治理的目标主要包括：确保气象数据在全部流动周期中保证完整性、准确性、及时性、一致性、易访问性，能够有效满足社会需求，有效规范数据使用方式，实现社会和经济效益的最大化。

云计算、大数据、物联网、人工智能以及区块链等技术，为气象数据治理提供了新的可能。2020 年 7 月，中国气象局印发了《气象大数据云平台业务管理规定（试行）》，明确了全国气象大数据云平台业务组织和职责分工，对气象部门如何建设、运行和使用云平台，统筹管理观测、预报、服务、政务、行业、社会等数据，集成质量控制、统计加工、预报预警等全流程业务产品算法，统一产品加工流水线，提供"数据、算力、算法"三统一的平台化服务，做出了规范；《2020 版中国物联网平台产业市场研究报告》认为，2025 年全球物联网连接数量将达 35 亿，大量传感器数据如何在关键时间、关键地点形成对气象观测的补充，甚至独立支撑更加深入的气象与社会规律洞察，十分值得期待；人工智能对各类型观测数据的加工处理、天气图像数据的智能识别，以及在数值预报结果后处理和雷达资料外推等多个领域，都开展了实质性的应用；根据《办法（试行）》，中国气象局采用气象数字资源唯一标识符技术（OID），对共享服务中使用的气象数据进行注册、解析和溯源，也有国外气象公司如 Weatherblock 探索利用区块链技术记录气象数据的生产、交易、应用及价值分配。

三、关键问题

（一）作为要素的气象数据的特点

第一，未来气象数据的体量将更加庞大。如果说目前的历史气象数据是杯中之水,气象部门业务数据是江河溪流,未来的共享地球系统数据、社会气象数据、传感器数据就是汪洋大海。数据量决定了数据的使用方式,是取之不尽用之不竭,而不是你有我无的零和博弈;也决定了数据的权属划分,是所有利益相关者的科学分配,而不能用占山占水的传统思维来认知;而且,数据越多价值越大,越分享价值越大,越不同价值越大,越跨行业、区域、国界价值越大。

第二,未来气象数据的权属更难确定。未来的气象数据可能各行各业和所有公民在经济与社会活动中自然形成,很难以传统方法来判断其财产归属性质。它们即包括政府收集管理的公共数据,也包括来自个人衣食住行、医疗、社交等各种行为活动,还包括平台公司与商业机构提供服务后的统计、收集和自然产生的私有数据,甚至包括物联网产生的来自万物互联的数据,很难为其划分权属。

第三,未来气象数据的管理更加复杂。涉及国家安全的气象数据,如部分站点观测数据等,明确不可共享或交易;涉及公共事务和公民隐私的气象数据,必须经加密或脱敏后,才能共享或交换,例如重大基础设置数据、手机传感器气象数据和私人气象站数据等;因此,业界非常渴望政府、气象部门可以尽早明确信息安全和隐私保护方面的边界认定,早日聚焦在信息安全和隐私保护方面的监管框架。

第四,未来气象数据的价值更难计算。由于数据的权属并不明确,且涉及隐私和信息安全问题,数据本身的所有权很难直接交易。而只有把数据通过不同应用场景用起来,才能体现其最大的社会价值。因此,气象数据交易指的更多的是数据使用权的分享与交换,而不是对数据所有权的交易。数据可以重复使用、多人使用、同时使用、永久使用,多源资料融合及分析加工技术方法逐渐多样,气象数据产品体系、气象数据的价值随着其使用变得更加丰富。

(二)气象数据服务产业定位

气象数据服务的产业定位随着社会经济的发展和气象服务技术革新不断调整变化。一方面,气象是盐,服务各行各业。另一方面,传统气象服务具有公益属性,服务行业和服务主体上还有巨大蓝海。从国务院发布的《产业结构调整指导目录》(简称"《目录》")可以看出气象数据服务产业的定位。《目录》是国务院调整优化产业发展的指导性文件,国家发展和改革委员会(简称"发改委")2005年颁布了首部《目录》后,先后在2011年、2013年、2016年对其内容进行了多次调整，2019 年，发改委发布了最新版《目录》（2019 年本），共涉及行业 48 个，包括鼓励类 821 条、限制类 215 条、淘汰类 441 条。其中直接涉及气象的鼓励类产业，至少包括 4 个行业大类中的 11 个子类，详见表 1。

表 1 《产业结构调整目录》2005 年、2011 年和 2019 年本气象相关内容对比

	2019 年本	2011 年本	2005 年本
一、农林	41、人工增雨防雹等人工影响天气技术开发与应用；48、气象卫星工程（卫星研制、生产及配套软件系统、地面接收处理设备、卫星遥感应用技术）和气象信息服务。	气象卫星工程（卫星研制、生产及配套软件系统、地面接收处理设备等）和气象信息服务。	
十四、机械	9、综合气象观测仪器装备（地面、高空、海洋气象观测仪器装备，专业气象观测、大气成分观测仪器装备及耗材，气象雷达及耗材等）、移动应急气象观测系统、移动应急气象指挥系统、气象计量检定设备、气象观测仪器装备运行监控系统。	综合气象观测仪器装备（地面、高空、海洋气象观测仪器装备及耗材，专业气象观测、大气成分观测仪器装备及耗材，气象雷达等）、移动应急气象观测系统、移动应急气象指挥系统、气象计量检定设备、气象维修维护设备、气象观测仪器装备运行监控系统。	自动气象站系统技术开发及设备制造；特种气象观测及分析设备制造。
三十一、科技服务业	1、工业设计、气象、生物、新材料、新能源、节能、环保、测绘、海洋等专业科技服务，标准化服务、计量测试、质量认证和检验检测服务、科技普及。	工业设计、气象、生物、新材料、新能源、节能、环保、测绘、海洋等专业科技服务，商品质量认证和质量检测服务，科技普及。	科学普及、技术推广、科技交流、技术咨询、知识产权及气象、环保、测绘、地震、海洋、技术监督等科技服务。
四十四、公共安全与应急产品（为2019年新增领域）	1、气象、地震、地质、海洋、水旱灾害、城市及森林火灾灾害监测预警技术开发与应用；6、水、土壤、空气污染物快速监测技术与产品重要基础设施安全、社会、公共安全、农林气象、生物灾害防范防护技术开发及应用；52、人工影响天气作业系统；56、水旱灾害应急监测技术装备；57、洪水干旱灾害风险智能辨识技术装备；60、台风风险区划图编制技术及应用。		

从《产业结构调整指导目录》的历次修订来看，涉及气象的类目及内涵不

断丰富，说明气象行业在传统公益性事业的基础上，根据国家经济社会发展对产业结构的需求，不断涌现新的增长点。此外在农林、水利、电力、新能源、机械、汽车、船舶、航空航天、城镇基础设施、铁路、公路及道路运输（含城市客运）、水运、航空运输、信息产业、现代物流业、金融服务业、科技服务业、商务服务业、旅游业、公共安全与应急产品、人工智能21个产业大类的至少40余个子类，和气象服务密切相关。

坚持气象行业公益性行业的定位，有助于有效保证基本公共服务供给均等化，实现气象行业的可持续发展。同时，也应充分考虑气象是"盐"服务各行各业的特点，培育和孵化商业气象服务市场，是推动气象数据要素市场化、提升气象服务的社会和经济价值的最有力措施。

（三）气象数据要素市场化模式

在气象数据市场化尚处于初级发展阶段的今天，一方面，政府对基于公共服务而产生和收集的数据具有天然的合法性和垄断性；另一方面，能源、交通、通信、互联网、观测设备厂商等由平台业务运营产生的海量社会气象数据也具有实际存在的垄断性。这类数据现在处于灰色地带，也正在探索商业化变现。

可想而知，无论是政府部门气象还是气象公司，都处于一种矛盾两难中：既希望有机会享受更大数据生态，提升自身数据价值，又不想失去已占有的存量数据优势。因此，气象要素市场化必须要解决的问题是，如何让目前气象服务生态中的所有玩家都有动力来推动生态发展。

对于政府气象部门，关注的是目前国家气象台站、气象卫星、天气雷达采集的数据以及形成的数据产品，向社会公开共享的数据是否安全，公开共享数据的社会效益和经济效益如何在政府绩效中体现，如何用这些数据交易的收入来反哺科学研究和公共事业。

对于相关行业平台公司，其关注点在于目前政府数据公开的范围是否足够，获得是否方便，其自有数据汇交至公共服务平台后如何产生价值，如何逐渐使灰色地带的数据交易合法化、常态化、阳光化，如何激励客户公平、合理、有偿地分享它们自有数据。

对于气象数据的用户而言，在未来的气象数据海洋中，再大的平台也只是孤岛，用户没有精力和能力各个击破、重新融合，必须要在充分整合、足够开放、非常便捷的基础数据平台上，才能发挥数据的价值，数据只有共享与融合才能实现价值最大化。

（四）气象数据要素市场监管方式

首先是"谁来管"——数据市场并不是法外之地，必须要明确游戏规则。对于气象数据来说，垂直管理的国家级气象部门是气象数据市场化的监管主体。政府不仅是数据的生产者、使用者和管理者，也会逐渐成为社会商用政府数据的经济受益者。因此，政府是否能在顶层设计者、规则制定者、行业协调者与市场参与者之间确定及转换角色，是否能安排好裁判员、教练员、运动员，是业界高度关注的话题。

其次是"往哪管"——高瞻远瞩的顶层设计，明确坚定的发展规划，包容指导性强的政策，打破地方、行业和部门壁垒的统一布局，具有公信力的授权机构，能够较好地保障数据要素市场按照市场规则管理。相反，跑马圈地、各自为政、遮遮掩掩、反复拖延，则会加剧数据割据与部门利益保护主义，拖慢市场化的步伐。气象数据应该如何定价？结算之后如何交付？如何保证交付之后不被二次交易？这些规则制定的背后，都有顶层设计思路和监管方向的问题。

最后是"怎么管"——这是更难回答的问题。首先在交易范围上，需要明确不能共享和交易的"数据禁区"；第二，要建立数据安全要求和隐私保护标准，且在标准制定上，应该"全国一盘棋"，做到政策实施无禁区，不同区域规则统一；第三，要提升监管科技水平，通过市场选定技术标准往往会优于政府通过行政命令选定的标准，鉴于气象数据资产的多样性、公共性、实时性、重复使用性和无处不在等特点，数据市场不能让人管，人也管不了。数据由技术而产生，也须通过技术来管理。数据并不是标准化的产品，政府机关也很难制定包罗万象的具体标准，交由市场来开拓和探索，则可以实现以核心技术和具体应用场景为依托。在此，政府提供政策框架性指导，认可多元的技术，鼓励市场开发，是找到属于气象数据市场特有的最佳发展道路。

四、思考与建议

（一）加强气象数据要素市场化研究

《意见》中关于气象数据要素的要求是"研究建立促进气象等公共数据开放和数据资源有效流动的制度规范"，可见相比在短时间内将数据市场做大做强，目前阶段更重要的是加强政策研究，建立有效的制度规范。未来数据市场发展的潜力与边界是我们用传统思维完全不可能想象的，在一个生态建立的最早期，往往是最脆弱的，需要在顶层设计、底层构建、规则制定、技术选择等方方面面充分对比、周全考虑，逐渐培育市场活力和发展动能。

（二）从部门管理逐渐过渡到行业和产业监管及公共服务

目前《办法（试行）》等一些文件，规范的对象都是气象部门组织开展的气象数据相关活动，对于社会的气象数据活动未明确涉及。的确，太早、太严、太窄地规定数据属性和规范，反而会制约数据产业的发展。商业生态孵化，一方面需要变"白名单制度"为"黑名单制度"，即打破"法不允许不可干"的传统约束，接受"法不禁止皆可干"的现代原则，一方面也需要更加积极明确的政策，通过机构试点、区域试点等方式推动气象要素市场化。

（三）绘制气象数据要素市场化进程路线图

例如，在监管技术上，是先通过行政的方式明确规则和技术路线，再在实践中不断优化和完善，还是允许多种规则和技术路线并存，再通过市场化的方式大浪淘沙；在数据类型上，是先试水政府公共气象数据，把数据视为国有资产，隐私加密保护的前提下，实际措施鼓励个人和企业进行气象数据汇交，政府收取气象数据市场化带来的增值税；还是先挖掘社会气象观测大数据，在商业气象服务中建立从"技术换数据"到"数据提升服务"良性循环；在新生态孵化中，投资气象数据市场的钱从哪来，是先由政府主导，而后再与资本市场充分融合，以满足数据市场建设的庞大资金需求，还是直接建立较为健全的资本市场和金融工具，来持续发挥"加速器"和"孵化器"的功能，哪种方式更容易形成资本和数据价值的良性循环。以上种种，都需要在气象数据要素市场化进程路线图中加以明确。

（四）积极探索气象数据服务模式创新

对于气象服务主体来说，传统的气象综合探测设备生产商、气象防雷公司、信息化平台服务商、TO C 和 TO B 气象服务提供商，都有可能会在气象数据服务的赛道上相遇。以气象综合观测设备生产商为例，即可转型作为设备服务商和数据运营商。例如美国公司 Wunderground，即是通过组织全球志愿气象观测联盟，一方面通过销售私人气象站设备获得渠道收益，一方面通过收集的用户汇交数据变现获得收益。新市场需要新玩家的加入，也需要老玩家创新玩法，共同推动气象数据市场生态百花齐放、茁壮成长。

参考文献

胡锦涛，2012.坚定不移沿着中国特色社会主义道路前进　为全面建成小康社会而奋斗——在中国共产党第十八次全国代表大会上的报告［R］.

姜奇平，2020.完善数据要素的产权性质［J］.互联网周刊，712（10）：72-73.

李小加，2020.成立"数据要素产业化联盟"［J］.财新周刊（16）：9.

全国气象基本信息标准化技术委员会，2009.气象资料分类与编码：QX/T 102—2009［S］.北京：气象出版社.

沈文海，2012.向气象数据中心演进［J］.气象科技进展，2（4）：53-57.

沈文海，2016.再析气象大数据及其应用［J］.中国信息化，261（1）：85-96.

叶梦姝，2018."To B"时代企业级气象服务产业化机遇与挑战［C］//释放气象资源活力——中国气象服务产业发展报告（2017）.北京：气象出版社.

叶梦姝，2019.企业级（To B）气象服务产业发展路径探析［C］//打造气象产业生态圈——中国气象服务产业发展报告（2019）.北京：气象出版社.

曾沁，2020.气象大数据治理——如何让大数据实现价值聚变［N］.中国气象报.2020年7月29日三版.

张明，宋英杰，李敏，等，2010.公共气象服务中基础气象数据的开发与应用［C］//第七届全国优秀青年气象科技工作者学术研讨会论文集.

张晓林，2001.数字对象的唯一标识符技术［J］.现代图书情报技术，17（3）：8-11.

中国物联网产业应用联盟，2020.2020版中国物联网平台产业市场研究报告［R］.

我国财政政策积极应对气候变化的逻辑与行动

张 恒 陈 敏

（成都信息工程大学，成都 610225）

一、引言

气候问题是全球公共性问题，政府间气候变化专门委员会（IPCC）宣称全球气候是"人类的共同遗产"，提出保护大气、控制二氧化碳和防止气候变暖是我们责任的号召。IPCC已经发布了五次报告，第五次报告进一步强调了人类行为是气候变化的始作俑者，并将2020年的全球温度升幅限制在2℃范围内，超过2℃将达到"危险的程度"。自从1997年通过《京都议定书》后，国际持续努力协调各国合作行动，共同应对气候变化问题，2018年联合国通过了《巴黎协定》实施细则，2019年国际区域气候大会（ICRC-CORDEX2019）在北京举办，2019年全球气候大会在马德里举行，围绕共同发展与可持续发展目标展开讨论，解决气候变化的治理与经济增长目标的冲突。可喜的是，全球更多的国家、组织和公众已加入关注气候变化的行列。我国作为发展中国家的最大经济体，随着经济快速发展，已成为碳排放的大国，参与减排的压力与日俱增。我国宣称在2020年单位GDP碳强度比2005年降低40％～45％。中国对国际社会的履约承诺，充分展示了中国负责任大国的形象。我国应对气候变化最终建立在科学的基础上，坚持可持续发展的理念，平衡效率与公平的社会管理目标，通过技术创新，转变经济增长方式，实现低碳经济发展。

二、气候变化的新特征

（一）气候变化的科学事实

科学研究表明，地球上的二氧化碳浓度在工业革命前的300万年未曾达到

400 ppm*，目前的浓度达到 450 ppm，全球安全的浓度就控制在 500 ppm。2007 年 IPCC 第一次报告（IPCC，2007）公布在 1906 年开始的近 100 年里，全球的气温升高了 0.75℃，并且升温的速度在加快。气温升高引起"全球天气系统"的改变，水循环加快，导致极端天气频发，有些地区的干旱程度增加，洪涝多发，农业生产、水资源利用和城市基础设施建设等将受到极大影响。即使全球气温升高在可控的范围内，不同区域的气温升高的幅度不一样，不同区域受到的危害程度也不同。例如，陆地气温升高的幅度要高于平均气温，这样可能造成有些地区人类不能居住而迁移，大规模的迁移埋下冲突的隐患。

（二）气候变化引发生态危机

地球生态的脆弱性决定生态系统容易破坏，不易恢复。随着地球气温升高后，水循环系统失去原先的平衡，水汽循环不稳定性加大，多水或少水的现象增加，极端天气增加，旱涝频发。海平面上升，海水涌入城市，岛屿消失，出现生态移民，带来社会管理的风险。海水温度升高，造成不能适应升温的生物的灭绝，导致生物食物链和生态链的断裂，生态安全受到严重的威胁。气温升高，大陆雪线后退，没有迁移能力的动植物，在不能适应的环境下死亡，生物的多样性减少。如果地球升温不能控制在安全的范围，有序的生态系统变得异常无序，引发生态危机，生态灾难将侵袭人类。

（三）气候变化导致风险加剧

科学界尽管认识到气候变化的基本规律，但还是难以确定未来气候变化的程度与速度，存在着较大不确定性。从 IPCC 报告发布以来，全球对其反响出现了起伏，尤其第三次报告的影响力下降，2001 年美国退出《京都议定书》。2006 年英国出版了《气候变化经济学：斯特恩报告》，大大推进了气候变化问题从科学问题向经济问题和政策问题转变的步伐，报告研究表明应对气候变化符合经济理性的选择。紧接着 2007 年 IPCC 发布第四次报告，掀起了应对气候变化的全球热潮，催生了极具意义的《巴厘路线图》。对气候变化认识的波折，动摇了应对气候变化的坚定性，加大了气候变化投资的风险，更增加了评估与衡量投资效果的难度。

（四）气候变化的经济外部性凸现

减缓气候变化是为人类提供一种公共物品，在市场垄断、信息不充分和外

---

* 1 ppm $= 10^{-6}$。

部性情况下，公共物品的社会成本和私人成本与社会收益和私人收益不一致。公共物品是市场失灵的原因，价格机制失效，导致公共物品提供不足，改善气候带来收益的产品不足，正是政府提供公共物品的原因。福利经济学第一定理认为，当经济均衡状态时，也达到了帕累托最优状态，市场不愿意改变这一状态，因为交易或不交易对社会的福利都没有改变，当外界力量打破均衡状态，福利得到改善，这是帕累托改进。外部性是无意识的和无补偿的影响，市场不能实现帕累托最优，只有靠政府通过税收和补贴的形式，改变这一外部性，校正这一领域的市场失灵，以达到资源的有效配置。

三、应对气候变化的低碳发展模式

气候问题归根结底是发展问题，改变传统的发展模式，树立低碳发展的理念，推动低碳经济增长，通过技术创新实现节能减排，并带来协同效应，这也是低碳经济发展的动力。国际上将低碳转型要求到 2050 年大部分领域实现零碳排放或负碳排放的标准。全球碳排放来源粗略地划分，来自能源消耗，占总排放量的 2/3，其他的来源于非能源相关的排放。城市化进程也加大了碳的排放。目前来看，70%的碳排放来源于城市。因此发展低碳城市和低碳农业，提高能源使用效率，开发新能源，利用再生能源，改变生产技术，优化能源结构是应对气候变化的唯一选择。

（一）市场主导的乏力

科斯定理认为当产权明确，交易成本为零时，产权界定给谁无关紧要。然而，当交易成本不为零时，明确产权主体至关重要。解决外部性引发的市场失灵办法是明确界定产权，但是产权一旦难以界定，科斯解决外部性的措施难以实施。社会主体面对发展和天气权利，企业有生产权和发展权，公众有不受气温升高的侵扰权，企业也有不受气温变化侵扰的权利。每个企业都通过生产，千丝万缕地与温室气体排放有直接或间接的联系，公众的消费方式也存在着这种复杂的关系。因此，可以说生产与消费都可能成为温室气体排放的主体。产权在这一领域界定存在极大的困难。运用科斯产权界定明晰后，由市场解决气候变化的问题难以推行。

国际上限额与交易和碳定价的方式似乎是可行的选择，它在一定程度上控制了排放水平。从欧盟碳排放交易体系的运行来看，限额与交易并没有带来碳排放的实质性的减少，并且易受利益集团的操控。给温室气体进行碳定价，不能确切知道减排的额度，同时会加重企业和产业的经济负担，往往被一些国家放弃使用。

2013 年中国发布了《中国应对气候融资策略》报告，报告声称，我国气候融资难题还困难重重，融资渠道狭窄，融资机制有待建立，应对气候变化的减缓与适应策略的资金缺口较大，仅有的资金中 95％用于减缓方案，5％用于适应方案。显然资金的使用与国家应对气候变化减缓与适应策略同等重要的规划不符。适应领域的投入有待加强，只有公共投资才能较快进入。气候投资的风险大，到目前为止还没有科学的体系对气候的投资风险和效果进行评估和衡量，影响私人投资的积极性。政府公共财政的投资还难以摆脱应对气候变化的主要角色。

（二）政府主导的力量

气候变化问题是全球性的问题，也是发展的问题。全球共同治理与一致行动，才是解决之道。IPCC 倡导每个国家应遵循"有区别共同责任"的原则。然而，每个国家都追求自身利益，过多考虑发展权，而放松承担的责任。也就是在全球这一集体中，一些国家主动承担改善气候变化的担子，而有一些国家会出现"搭便车"的现象。目前发达国家和发展中国家在减排目标、谈判机制和资金与技术援助等重大问题上，存在着较大分歧。全球达成一致的行动方案，还需要时日，各国单边努力，国内实施财政政策应对气候变化，是积极的次优选择。同时政府拥有广泛的资源和调动资源的能力，也是政府积极参与应对气候变化的逻辑所在。我国长期面临着经济增长方式的集约化的要求，加上国际上对外贸产品碳含量的高度关注，传统高碳产品外贸难以为继，发展低碳经济模式是正确的选择。

四、应对气候变化的财政政策

应对气候变化的策略包括适应与减缓，减缓是减少人类对温室气体的排放，减缓或阻止气候的变化。气候变化已经发生，并且在短期内甚至在较长的时期内气候还将变化，面临着气候变化带来的风险，增强对这一变化的适应能力，可以降低对生命、财产和健康的影响。然而在这两个领域资源的缺口较大，有效的融资机制没有建立起来，融资渠道狭窄。同时，气候融资的资金中95％用于减缓领域，只有 5％用于适应领域。这不利于减缓与适应同等重要的战略实施。应对气候变化的资金主要来自政府，以后可能还是。二氧化碳的衰解期很长，人类活动排放出的量已超过了自然吸收的量，形成大气中的存量，逐渐产生不可逆的"棘轮效应"。治理气候问题人类的行动已滞后，如果再拖延，将极大地增加气候风险。在经济利益的驱动下，广泛的私人行动显得十分不够。等待别人行动，或担心自己行动而别人不动，导致"囚徒悖论"，整个社会的选择会是不参与行动的结果。在 2016 年，斯特恩教授坚持认为，人类采取行动应对气候变化才是符合经济理性的选择，通过成本与收益的分析判断，应对气候变化的成本要远远小于不作为所带来的净损失。如果不行动或晚行动，二氧化碳的存量会越来越多，浓度越高，应对也就会更加困难，会付出更高的成本。人类面临加快行动的抉择，政府主导气候治理是最适宜的选择，政府有能力号召广大民众，制定产业政策引导社会投资方向，通过大力提供财政支持，利用财政政策减缓温室气体的排放，支持新能源的开发与利用，推动节能减排，植树造林等，提高全民应对气候变化的意识。

（一）征收碳税

公共产品处于市场失灵的情况下，价格机制失效，成本收益的不对等影响了提供私人产品的积极性，造成产品的短缺。庇古提出政府应征收税收，弥补外部性的冲击，收回理应承担的成本。碳税是一种针对产生二氧化碳气体的能源或含碳能源的税种，通过对企业征收碳税，一来增加税种和政府的财政收入，为治理气候变化，支持技术创新和产业升级等提供资金。二来增加企业碳排放成本，企业为保证产品的竞争力，提高技术，减少能源消耗，降低成本，保持市场的占有率，推进燃油税改革，公平负担碳成本，不愿为碳成本负担的人，利用低碳技术或提高能源使用效率，实现产业技术的升级改造。现行碳税征收存在着约束力度和调节力度不够，部分能源领域的税收优惠政策缺位等情况，亟待完善碳税征收体系。

（二）加大财政投入

财政部会同其他部门出台支持新能源开发和节能减排的政策，加大财政投入，财政投入主要有财政补助、财政投资和奖励等。我国已启动了中长期投资节能工程、风力发电和"金太阳"工程、"节能产品惠民"工程、"太阳能屋顶计划""秸秆利用""节能建筑材料生产"，以及"污染排放物减排专项资金"和"节能技术改造"奖励的财政资助项目等。这些项目的实施取得了良好的效果，但项目规划的长效机制、投入力度还待加强，财政投入的效率还有待提高。

（三）配合产业政策

在气候变化的情景下，减缓气候变化是典型的全球公共产品，改善和维持天气变化的产品的提供存在着严重的"供给不足"。任其发展，人类会面临"生存的危机"。面临应对气候变化的紧迫性，显然仅靠行动迟缓的市场是不够的。政府应制定产业政策，引导资源向对气候变化公共产品配置，转变经济发展的方式，限制高碳发展，鼓励低碳发展，支持低碳产业，扶持低碳领域的创新，开发新能源技术、产品和产业链。财政政策也应积极配合产业政策，给予低碳发展税收优惠和资金的支持，分担创新发展的市场风险，促进低碳技术创新，提高低碳经济发展的能力。

（四）政府倾向性采购

政府采购是政府性的消费行为，政府明确低碳消费的偏好，在招标采购中，明确低碳技术和低碳产品参数的意愿。大量采购低碳产品，采购低碳技术含量高，减缓气候变化影响大的产品，为全社会释放发展低碳经济的积极信号。企业为争取政府的大订单，占据市场的优势地位，在低碳技术方面的开发资源投入会大幅增加，从而引导资源从高低碳经济领域流出，实现经济增长方式的转变。我国在 2004 年出台《节能产品政府采购意见》和《节能产品政府采购清单》，要求采购单位在技术指标同等的条件下，优先选择清单中的产品。2007 年国务院颁布《建立节能产品强制性政府采购制度的通知》，在优先清单的基础上，对部分产品达到节能效果和性能要求的产品强制采购。同时，各地地方政府采购引入环保与节能导向。然而，政府采购规模增长过快，出现应标低碳产品的数量不足，低碳服务产品容易被忽略采购。

（五）财政政策引导社会资金

应对气候变化问题是全社会的责任，只靠政府主导的模式不可持续，因为政府财力有限，引进社会资金，发挥市场的力量十分必要。财政政策引导应对气候变化市场机制的形成，建立碳基金和碳排放交易市场，形成市场导向的、以企业为主体的和政策保障的低碳发展体系。面对气候变化投资的收益与风险评估的难题，政府引导民间投资是一种可行的策略，政府应明确应对气候变化的投资项目，依托项目盘活资金。比如，政府采用 POT 和 PPP 的融资项目计划，设计财政激励机制，明确市场的回报，引导民间资金积极参与其中，达到适应与减缓气候变化的效果。

（六）财政政策与其他政策协调一致

政策出自不同的部门，政策的目标和政策传导机制各不相同，导致政策效果相互冲突与相互抵消的现象，削弱宏观管理的目标，政策间的相互协调尤为重要。财政政策、税费政策、与金融政策相互协调，互相配套，可大力提升政策的效果。宽松的财政政策、减税降费政策和扩张的金融政策助推低碳技术创新和低碳经济发展。相反，针对高能耗、高污染和高排放的行业增税加费的政策和紧缩的金融政策排斥"三高"产业和高碳发展。

五、结论

科学证据表明，自工业革命以来，人为增加温室气体的排放，温室效应引起气候变化，气候变化引发气候变化问题，人类面临生态危机，乃至生存危机。由于气候变化问题是典型的国际问题，尽管国际社会持续努力希望合作应对气候变化问题，但要达成共识，共同行动还需时日，国家单边应对行动是一种次优的选择。从短期来看，面对减缓气候变化公共物品的市场失灵，私人投资参与积极性不高，市场表现不力，政府成为应对方案的主干力量，政府通过财政政策的投入和引导社会积极参与应对方案。面对气候变化问题的一步步紧逼，政府利用自己的地位和权威，组织制定应对方案是目前最好的选择。也是协调发展与气候问题的最佳人选。这是政府运用财政政策应对气候变化的逻辑判断，如果政府贻误时机，气候变化将带来不可估量的后果。政府作为应对气候变化的先锋，发展低碳经济，努力推进全球共同行动，抵御气候变化的风险。

参考文献

陈阳，2013.中国气候适应投资仍主要靠公共财政——气候组织大中华区总裁吴昌华女士从 NGO 视角解读《国家适应气候变化战略》［N］.中国经济导报，2013 年 12 月 7 日，第 C03 版.

戴维·赫尔德，安格斯·赫维，玛丽卡·西罗斯，2012.气候变化的治理——科学、经济学、政治学与伦理学［M］.北京：社会科学文献出版社：01-12，74-100.

潘家华，2018.气候变化经济学（上）［M］.北京：中国社会科学出版社：5-123.

苏明，2010.中国应对气候变化现行财政政策分析［J］.中国能源（6）：7-11.

张丽宾，王桂娟，许文，等，2010.气候变化与公共财政：政策的理论分析［J］.环境经济（5）：10-17.

IPCC，2007.Climate Change 2007：The Physical Science Basis［M］.Cambridge：Cambridge University Press.

发展篇

气象国企华风集团股权优化研究与初探①

李海胜　孟　京　黄思宁

（华风气象传媒集团有限责任公司，北京 100081）

改革开放以来，国有企业（简称"国企"）改革的方向和进程就一直备受国内外关注。在当前时期，我国处于转变发展方式、优化经济结构、转换增长动力的攻关期，结构性、体制性、周期性问题相互交织，"三期叠加"影响持续深化。国有企业作为党和国家最可信赖的依靠力量，更要发挥壮大综合国力、促进经济社会发展、保障和改善民生的重要战略力量作用。国企改革"1＋N"的政策体系完成了新时代国企改革的顶层设计和"四梁八柱"，为国企改革指明前进方向；2020 年 6 月 30 日中央全面深化改革委员会第十四次会议审议通过了《国企改革三年行动方案（2020—2022 年）》，为国企改革明确了具体任务，再一次将国有企业改革引向快速推进、实质进展的新阶段。气象产业作为国有资本密集的基础产业，是改革的重点领域之一，探索研究气象国有企业股权优化和企业治理改革发展方向和路径，全面发挥龙头骨干企业带动作用，加强与多种业态合作，努力延伸产业链、供应链、提升行业竞争力和国有资本效益，具有重大战略意义。

一、国有企业改革的理论综述

（一）国有企业需要持续深化改革的理论依据

1.马克思主义的产权演变理论

国有企业是立足于产权角度而言的社会结构组成，马克思认为：产权就是物资、社会分工及全部生产关系的总和，即所有制；其本质核心是社会生产关系总和，就必须与一定历史阶段的生产力发展水平相适应，所以产权制度和产

① 本论文受 2019 年中国气象局软科学研究重点项目"气象国企改革研究——华风集团股权优化改革实践"（项目编号：2019ZDIANXM17）资助。

权关系是一个不断演变的历史过程；社会生产力的发展必然强化社会分工和社会协作的深入，完全的单一私有制产权结构必然无法满足这必然的历史过程，也必然会导致完全私有制向公有制的演变。当然，产权（所有制）的改革需要经历一段混合型的历史时期。

2. 新制度学派的不完全契约理论

在经济学研究中，人类社会分工和协作可以看成是在若干数量的契约（企业）中实现，契约执行（企业运作）的效率越高，社会生产活动的效益越大。但是，新制度学派的学者们研究表明：因为受到信息不对称、决策者有限理性、契约执行中不确定因素等影响，决定契约效率（企业运作）的关键因素却是那些契约（企业）中未提及的资产的控制权力（即剩余控制权）。据此，新制度学派将所有权定义为拥有剩余控制权或协议达成后的控制决策权；而当契约不完全时，将剩余控制权配置给投资决策相对重要的一方是有效率的。由于企业家既关心企业的货币收益，又关心自己的在职私人收益；而投资者只关心企业的货币收益，企业家和投资者之间的最优剩余控制权结构应当是控制权的相机配置："企业家在企业经营状态良好时获得控制权，反之投资者获得控制权"。

（二）新时代我国国有企业改革的重要论述

1. 新时代国有企业改革的总体要求

以习近平新时代中国特色社会主义思想为指导，坚持和加强党对国有企业的全面领导，坚持和完善基本经济制度，坚持社会主义市场经济改革方向，抓重点、补短板、强弱项，推动国有经济布局优化和结构调整，做强、做优、做大国有资本和国有企业，增强国有经济竞争力、创新力、控制力、影响力、抗风险能力。

2. 新时代国有企业改革的重点任务

一是要完善中国特色现代企业制度，坚持和加强党对国有企业的全面领导是重大政治原则，必须一以贯之；建立现代企业制度是国有企业改革的方向，也必须一以贯之，形成各司其职、各负其责、协调运转、有效制衡的科学有效公司治理机制。

二是推进国有资本布局优化和结构调整，推动国有资本向关系国家安全、国民经济命脉的重要行业和关键领域集中，向提供公共服务、应急能力建设和公益性等关系国计民生的重要行业和关键领域集中，向前瞻性战略性新兴产业集中，聚焦主责主业、发展实体经济，推动高质量发展，提升国有资本配置效率。

三是积极稳妥推进混合所有制改革，合理设计和调整优化混合所有制企业股权结构，促进各类所有制企业取长补短、共同发展，建立混合所有制企业灵活高效的市场化经营机制和混合所有制改革全过程的监督机制。

四是要激发国有企业的活力，健全市场化经营机制，完善契约化、市场化、多样化、中长期化的灵活激励机制，加大正向激励力度，也由此提高企业效率。

五是形成以管资本为主的国有资产监管体制，着力从监管理念、监管重点、监管方式、监管导向等多方位实现转变，进一步提高国资监管的系统性、针对性、有效性。

六是推动国有企业公平参与市场竞争，强化国有企业的市场主体地位，营造公开、公平、公正的市场环境。

七是推动一系列国企改革专项工程建设落实落地。

二、气象国企华风集团改革的背景简述

（一）华风集团简况

华风气象传媒集团有限责任公司（简称"华风集团"）成立于2002年，前身为中国气象局气象影视中心，是中国气象局直属企业，也是中国最大的气象行业传媒机构和科技企业，是具有国际影响力的权威气象信息服务以及行业智慧气象解决方案的供应商。华风集团从成立之初相对单一的电视天气预报节目制作业务，发展到面向公众、行业、产业的全方位立体化气象服务体系。

2018年2月，中国气象局落实党的十九大关于推进事企分开和深化国企改革的精神，结合业务调整和经营实际情况，对华风集团的定位、职责任务、机构设置等内容进行了改革和明确：承担国家级气象影视、手机、网络等公众气象服务和基于气象数字媒体、气象广播影视等手段的公众气象服务国家级业务建设和一体化的资源运营；承担面向市场的专业气象服务，参与面向重点行业的公益性专业气象服务和国际气象服务市场拓展；承担公共气象服务品牌建设和运营，负责国有资产保值增值。

（二）新时期华风集团深化改革必要性

1.国家整体产业发展环境复杂，作为气象国企龙头发展责任重大

我国正处在转变发展方式、优化经济结构、转换增长动力的攻关期，结构

性、体制性、周期性问题相互交织，国有企业是国家经济的"压舱石"，要担负起历史使命，做强、做优、做大。华风集团作为我国气象行业的国有企业龙头，引领国家气象行业发展建设的新趋势、新模式，切实创新开展气象产业改革，提升气象国有资本的运营效益，为其他气象产业国有企业改革优化探索新路径、新模式、新成效是华风集团的历史使命和时代责任。

2. 气象产业全球市场化竞争激烈，气象服务产业升级挑战与机遇并存

随着互联网移动技术的发展，"云、大、物、移、智"等新技术势必将推动气象服务系统整体迎来更大的变革，气象服务产业亟需面临数据化、精准化、多样化的转型升级。华风集团依托中国气象局遍布全国的观测和预报的服务体系，包括全国 2300 多个有人值守的观测站以及超过 10 万个自动化无人观测站点、六颗在轨的风云卫星、200 多部多普勒天气雷达，如何更好地根据社会、行业、公众的需求，在气象预警、气象文化、气象数据服务等领域开拓新业务、创建新产品、提供高质量服务保障，是华风集团发展历程中必须解决的关键战略问题。

3. 深化改革是华风集团自身健康发展和保障公益性气象服务的必由之路

面对日趋激烈的气象科技竞争及信息化技术的高速发展，华风集团在市场化经营管理激励与约束机制的创新发展建设上还存在一定差距。虽然采取了一系列鼓励创新的改革举措，但在市场拉动、科技推动和政策激励三种动力推进激励与约束机制创新的支撑保障不够。华风集团一直承担了大量的公益性气象影视信息产品制作，始终用经营收入来运行此类业务、保障天气频道的业务运行，公益性投入资金短缺问题严重制约了气象产品的创新开发，使企业产品迭代周期长、成本高，无法适应市场的快速变化；企业激励与约束机制创新不完善，直接加剧优秀人才的供求矛盾，企业急需的气象、市场经营人才匮乏，5G、人工智能等新技术人才储备不足，企业内部的气象、计算机等重要专业人才流失现象时有发生。

（三）华风集团新时代改革需要解决的问题

1. 所有制改革需要进一步推进

作为中国气象局的局属企业，伴随国企改革向纵深发展，需要进一步理顺和明确管资本为主的国有资产管理体制；而集团内有些企业仍是全民所有制企业，不符合国家政策方向和企业发展。

2. 华风集团党组织的作用发挥需要进一步增强

对照如何把加强党的领导和完善公司治理统一起来，加快建立各司其职、各负其责、协调运转、有效制衡的公司治理机制，更好地建立健全把方向、管大局、保落实的机制有待完善，党委在决策、执行、监督各环节的组织化、制度化、具体化、协调化的公司治理机制建设方面还有不足。

3. 华风集团的企业管理机构和机制尚需完善

集团法人治理结构不健全，董事会、监事会及专业委员会建设需要加强。缺乏董事会向经理层授权的管理制度和总经理向董事会报告的工作机制。企业考核管理制度不完善，治理规范和财务监管需要加强。

4. 国有资本配置导向作用和保值增值作用的效率不高

华风集团长期在广播电视等传统媒体领域深耕细作，紧跟新媒体发展布局全媒体气象服务矩阵，并不断拓展专业气象服务、气象文化和气象产业发展。但是，集团目前的经营收入占比还是存在经营风险，业务结构优化、对子公司和项目管理的投后管理等方面的高质量运行尚需要进一步提升。

5. 服务国家重大战略的气象服务能力不足

随着我国气象部门工作模式的不断革新与发展，以及气象数据采集装置种类、数量和覆盖面积的增加，大大提高了气象数据的采集速度和广度，我国气象数据逐渐呈现出了明显的大数据特征。但从气象数据应用生态层面来看，气象数据必须与行业大数据深度融合才能发挥最大的价值，才能提高核心竞争力。作为气象产业的国企龙头，集团公司更需要在对接和保障国家重大战略上展现新作为，做出新表率。在服务国家经济建设的综合产品创新、配套服务领域上改革创新能力不足，在全球气象服务能力和专业气象服务能力上存在差距。

三、习近平新时代中国特色社会主义思想下国企改革发展路径分析

（一）习近平新时代中国特色社会主义是改革的基础理论依据

国有企业改革是在深入学习贯彻习近平新时代中国特色社会主义经济思想基础上，通过坚持和加强党对国有企业的全面领导、坚持和完善基本经济制度、坚持社会主义市场经济改革方向，在形成更加成熟、更加定型的中国特色现代企业制度和以管资本为主的国资监管体系上取得明显成效；在推动国有经济布局优化和结构调整上取得明显成效，在提高国有企业活力和效率上取得明

显成效；做强、做优、做大国有资本和国有企业，更好地发挥国有企业在解决发展不平衡、不充分问题上的重要作用；坚定不移发展国有经济，切实增强国有经济竞争力、创新力、控制力、影响力、抗风险能力。

（二）中国特色现代企业制度是国企改革的组织基础

完善中国特色现代企业制度，把党的领导融入公司治理各环节实现制度化、规范化、程序化；加强董事会建设落实董事会职权，健全外部董事选聘和管理制度，拓宽外部董事来源渠道；保障经理层依法行权履职，加强各类风险管控，聚焦企业债务风险、投资风险、法律风险、金融风险、境外投资运营风险。

（三）深化供给侧结构性改革是新时代改革方向

围绕服务国家战略，深化供给侧结构性改革，增强国有经济整体功能，聚焦主责主业发展实体经济；以企业为主体、市场为导向，有进有退、有所为有所不为，持续推进国有企业瘦身健体、提质增效；调整优化国有资本布局结构，提高国有资本配置效率。

（四）明晰产权、突出主业、提升国有资本效益是目标

国有企业形成以管资本为主的国有资产监管体制，更加注重基于出资关系，更加注重国有资本整体功能，更加注重事中事后、分层分类，更加注重提高质量效益；积极稳妥深化混合所有制改革，要把握好混合所有制改革方向，务求改革实效，避免盲目性，避免一混了之；按照完善治理、强化激励、突出主业、提高效率的要求，清理退出不具备优势的非主营业务和低效无效资产；建立完善中央企业主业和投资项目负面清单动态调整机制，引导企业做强、做精主业。

四、新时代气象国企华风集团股权优化措施思考和实践

华风集团的改革实践的基本思路是：坚持和加强党对国有企业的全面领导，探索有利于企业高质量发展的体制和机制；抓重点、补短板、强弱项，深化供给侧结构改革，优调整化业务布局，切实增强集团竞争力、创新力、控制力、影响力和抗风险能力；坚持"政治统领、标本兼治、务求实效，统筹兼顾、突出重点"的原则，落实全面从严治党、加强科技创新、优化经营模式，推动华风事业高质量发展。

（一）加强顶层设计，明确发展方向，优化股权结构

华风集团作为公益性气象服务国有企业定位，2018年华风集团股权优化改革中提出开展多元化经营的分类管理，按照中国天气网板块、专业气象服务板块、华风传媒板块、气象产业板块四个核心业务布局进行理顺和构建。

2019年进一步强化资源整合，谋划集团高质量发展，明确聚焦媒体服务、专业气象服务、气象文化传播等主业；坚持品牌化战略，推动"中国天气"融媒体发展；开拓创新，推动专业气象服务高质量发展；挖掘"气象＋文化"内涵，推动气象文化产业发展；推动气象大数据中心建设，为智慧气象业务提供支撑。

2020年，深入学习《国企改革三年行动方案（2020—2022年）》，根据中国气象局局属企业改革发展思路，聚焦主责主业，分析定位华风集团发展方向：定位全媒体公众气象服务、重点行业专业气象服务、气象文化传播、气象科技创新及产业聚集、防灾减灾大数据应用重点领域；各个子公司的股权结构按照以上的发展布局和经营领域进行优化改革；通过股权优化重组推动产业战略布局的落地，使得核心业务板块布局更加明晰，总体结构更趋合理。

（二）完善构建以产权为纽带的企业治理体系

1.发挥党委在国有企业的领导核心和政治核心作用

华风集团把加强党的领导和完善公司治理统一起来，在国有企业改革中坚持党的建设同步谋划、同步开展，坚持和完善双向进入、交叉任职的领导体制，抓好"一岗双责"；制定和完善党委常委会议事决策制度，充分发挥党委领导核心和政治核心作用，落实党委研究讨论前置于董事会、经理层决策重大问题，提升战略管理能力，确保"三重一大"事项决策合法合规。

2.完成股权结构改造，理顺产权关系

明确出资人权责利益，加强国有资产保值增值，建立权责明确、有效制衡的监督管理和风险控制制度；推动建立现代企业制度建设，促进完善法人治理结构，规范各类治理主体权责，逐级实现充分、规范、有序的授权放权和行权；统筹规划核心经营板块布局，对照优化股权结构，整合盘活核心资源，子公司管理按照经营板块分级分类、严格控制、动态调整、提升效能的原则进行管理；探索推行分类授权，激发子公司发展的动力和活力；同时，探索混合所有制等多种所有制结构，加强经营管理、提高经济效益，进行优势互补。

3. 加强对子公司企业治理规范管理

华风集团依法履行股东权责，着重从制度化建设、利润分配、投资监管、综合考评、薪酬管理等多方面建立对子公司的科学、持续、稳定监管机制，进行全面加强指导和监督。具体措施：按照公司法等法律法规规定，依据公司章程约定，向参股企业选派国有股东代表、董事监事或重要岗位人员，有效行使股东权利，避免"只投不管"；在参股企业章程、议事规则等制度文件中，结合实际明确对特定事项的否决权等条款，以维护国有股东权益。

4. 探索混合所有制改革，推动企业经营"提质增效"

根据《国企改革三年行动方案》的改革精神，将积极稳妥分层分类深化混合所有制改革。由于气象产品的性质决定了气象企业的发展特点是公益性与商业性共存，气象产品高度的行业融合性使气象企业能够与众多行业的企业之间相互合作发展，这种行业特征使得国有气象企业在发展的过程中，除了可以选择自身改革、做大做强以外；更加适合选择混合所有制改革，吸收引进各类资本，深化细耕气象资源，实现气象服务质量变革、效率变革和气象服务供给主体结构变革，不断满足用户多层次、多样化的服务需求，推动气象事业高质量发展。

（三）以"管资本"为抓手确保国有资本保值增值

1. 细化投资风险管理

在投资经营方面，制定和严格遵守《华风集团投资管理办法》及《华风集团投资项目负面清单》，按照以管资本为主的国有资产监管体制方向，规范集团的各项投资行为，规范国有股权管理。具体包括：严格执行国有企业投资负面清单，坚持聚焦主业，严控非主业投资；优选投资合作对象，做好尽职调查，通过各类信用信息平台、第三方调查等方式审查合作方资格资质信誉，选择经营管理水平高、资质信誉好的合作方；合理确定参股方式和持股比例，以产权为基础，依法约定各方股东权益。

2. 加强集团对子公司业绩的有效监督

强化完善投后管理机制：研究制定《华风集团子公司利润分配管理方案》《华风集团子公司投资效益评估方案》，以子公司的利润和资产收益为核心，加强对子公司的预算及考核。规范子公司收益分配：研究制定《华风集团子公司利润分配管理方案》，规范集团下属全资、控股子公司的利润分配行为；从重视对投资者的合理投资回报、保障股东权益，同时兼顾子公司的可持续发展、保持连续性和稳定性的角度，建立科学、持续、稳定的利润分配机制。

3. 加强参股国有股权的权益管理

规范产权管理：严格按照国有产权管理有关规定，及时办理参股股权的产权占有、变动、注销等相关登记手续，按期进行数据核对，确保参股产权登记的及时性、准确性和完整性；参股股权取得、转让应严格执行国有资产评估、国有产权进场交易、上市公司国有股权管理等制度规定，确保国有权益得到充分保障。注重参股投资回报：定期对参股的国有权益进行清查，核实分析参股收益和增减变动等情况；合理运用增持、减持或退出等方式加强价值管理，不断提高国有资本配置效率；对满 5 年未分红、长期亏损或非持续经营的参股企业股权，要进行价值评估，属于低效无效的要尽快处置，属于战略性持有或者培育期的要强化跟踪管理。

五、结束语

华风集团将深入学习贯彻习近平总书记对新中国气象事业 70 周年作出的重要指示精神，进一步围绕聚焦《国企改革三年行动方案（2020—2022）》要求，深化推进华风集团改革发展、加强企业经营和监管的具体举措，发挥企业创新主体作用；创新研发，不断提升核心竞争能力；"瘦身健体"、提质增效，不断做强、做优、做大华风集团。

参考文献

蔡辉，2018. 大数据时代背景下的气象信息化困境与对策研究 [D]. 南京：南京信息工程大学.

姜凌，许君如，2019. 新时代国企混合所有制改革路径探究 [N/OL]. 经济参考报，2019-08-26. http：//www. sasac. gov. cn/n2588025/n2588134/c12065918/content. html.

李洪斌，2019. 中国气象服务供给主体多元化发展研究 [D]. 西安：西北大学.

李志铭，2019. 强化国企决策党委会前置程序制度化安排 [J]. 国企·党建 (4).

廖红伟，2018. 以管资本为主推进国有企业改革-新时代深化国资国企改革研讨会综述 [J]. 社会科学动态 (6)：127-128.

马智宏，2018. 充分发挥国有企业党委（党组）在新时代的领导作用 [EB/OL]. [2018-01-08]. 人民网-中国共产党新闻网，http：//dangjian. people. com. cn/n1/2018/0108/c117092-29751779. html.

聂辉华，阮睿，李琛，2016. 从完全契约理论到不完全契约理论——2016 年诺贝尔经济学奖评析 [J]. 中央财经大学学报 (12)：30-34.

彭华岗，2019. 从体制、机制、结构层面看国资国企改革的进展 [J]. 经济导刊 (7)：54-58.

武建奇，2008. 马克思的产权思想 [M]. 北京：中国社会科学出版社：24-29.

叶芬梅，陈琦，卢维洁，2019.公共气象服务供给侧结构性改革：一种"权—责—利"框架分析 [J].绿色科技 (7)：273-280.

郑志刚，2015.混合所有制改革应向美国学习 [N].中国经营报，2015-04-27 (E05).

左进波，2019.混改股权结构设计三大影响因素 [J].企业管理 (7)：83-85.

智慧气象在精细化航空气象服务中的应用

魏　丹

（易天气（北京）科技有限公司，北京100029）

社会发展与技术进步抬高了人们对于专业气象服务的期待，而进入后疫情时代这个崭新的世界，气象与各不同行业之间的相互交融，导致气象服务的内容和方式等都在不断迭代和改变。

智慧气象是运用物联网、云计算、大数据、移动互动网等新一代信息技术，结合气象核心科技突破和跨行业融合创新，促进气象业务、服务和管理智慧化的一种模式。

后疫情时代，作为商业气象服务企业，智慧气象将会赋予其更大更广的发展机遇，在智慧气象建设过程中，政府各气象强相关部门也在大力推动气象数据开放共享，促进气象与经济社会的融合，让数据在流动中、应用中创造无限价值。同时，智慧气象建设也带来了竞争和挑战，商业气象服务企业面临的竞争将体现在跨行业融合创新能力和感知需求、快速应变上，只有组织架构、管理模式、研发和服务组织方式等与之相适应的优质企业，才能在后疫情时代的新背景下脱颖而出。

随着航空行业运行业务分工逐渐细化和科学，现阶段已经存在的气象服务，后续将会继续深入运行，并且更加贴近已经分化明确的用户需求，气象信息最终将和用户需求实现无缝对接、无行业差距对接。本文将会从良好运转的商业气象服务公司的角度着重讲述智慧气象在精细化航空气象服务中的应用及分析。

航空气象服务具有非显性的特点，需要通过用户的使用和场景的应用来显现服务的效益，中国作为航空运输周转量第二大国，若要在节能减排、保护全球环境上做出贡献，必须在减少能源浪费、降低废弃排放上想办法。限于未来一段时间人类在航空器的设计方面还很难实现"零排放"的完美境界，因此只能通过及时的气象探测、准确的航空气象预报服务、立体的预警预报预测网络系统，利用气象科学的预测功能，来达到节能减排的目的，提高经济效益。

作为商业气象服务企业，为了满足用户能够及时有效地应用到气象服务，会按照航空行业不同的职能部门精细化量身定制适合不同用户所需的航空气象服务产品和咨询服务。

（1）为航空公司运行控制部门和飞行机组提供的气象服务。

航空公司在制作飞行计划时，会将高空风和高空温度、高空湿度、飞行高度层的位势高度、对流层顶的飞行高度层和温度、最大风的风向、风速以及飞行高度层、重要天气现象，以及积冰和颠簸区域高空湿度和飞行高度层的位势高度等预报产品集成相应的系统中。

（2）为空中交通管理部门提供的气象服务。

空中交通管理部门是航空气象服务的另一主要用户，为塔台管制提供的气象服务侧重于本机场范围内的天气情况，尤其是实时的天气变化，一般来说，我们会为塔台的指挥席位提供本机场实时更新的预报、自动观测数据的实时显示、气象卫星云图显示、本场实时的地基天气雷达图像以及当地协定的其他气象信息。

（3）为搜寻和救援服务单位提供的气象服务。包括失踪航空器最后已知位置的气象信息和该航空器预定航路上的气象信息，即云量、云状、云底高和云顶高、海平面气压数据等。

（4）为机场运行管理部门提供的气象服务。一般包括本机场重要天气警报、紧急事件发生时所需要的气象信息等。

（5）为通用航空飞行部门提供的气象服务。用于飞行前计划和飞行中重新计划的气象信息，起飞机场、预定着陆机场和备降机场的例行报告和特殊天气报告。

无论阴晴冷暖，每一个白天和每一个黑夜，我们的精细化航空气象服务都在各地产生着光和热，为安全飞行保驾护航。

在过去的20多年，中国航空行业，在航空气象服务领域形成了非常独特且较为成熟的业务结构与管理体系，航空气象服务建设也一直以为快速增长的民航空中交通流量提供精细化航空天气预报为目标，在软件设施方面亟需完成以下一些建设任务。

（1）遵照国际流行的软件技术标准，建成集成航空天气预报系统，提高精细化数值预报、临近和短时预报、延伸期预报和数值产品预报的解释和应用等能力的建设水平。

（2）机场附近特殊天气的自动预警系统的建设。

（3）提升区域航路、航站天气服务功能水平。

（4）支持空管与航空公司业务运营的协同决策服务功能。

（5）充分发挥预报员的作用，新形势下，不论民航还是通航，预报员的作用将会主要体现在对数值天气预报模式产品和其他客观产品性能的了解以及对于各种资料和方法的综合分析应用和订正能力上。

在智慧气象的大背景下，现阶段航空对于气象信息的需求已经突破了运行控制阶段，发展到了更加广阔的范围，而且其他层面对于气象信息的需求也是与日俱增的，这是当前的现实，也是后续的趋势。很多优秀的商业气象服务公司，深耕在航空气象服务领域，并且不断贴近已经分化明确的用户需求，与航空管理部门共同推进气象领域的项目合作，信息和技术的流动交融，快速而有力的突破行业、体制的壁垒。

2020 年初，一场突如其来的新型冠状病毒席卷全国，随着疫情加重，很多城市前期储备的医疗物资、生活物资都极其匮乏，民航、铁路、公路也都在给疫情严峻区域运送物资途中不同程度地受限。而那时，又恰恰是抗击新冠肺炎疫情的关键阶段。根据党中央及国务院的工作部署，民航局动员全国航空力量参与到疫情防控之中。

多家通用航空公司成为空中救援的重要力量。据初步统计，截至 2 月 14 日，全国共有 123 家通用航空企业使用 608 架航空器，累计飞行 1308 小时、4898 架次，圆满地完成了药品物资运输、航空喷洒消毒等各类任务。其中，疫情严重的湖北地区，共有 27 家通用航空企业使用 53 架航空器，累计飞行 201 小时、共 213 架次，运送各类药品和物资 53 吨。

然而，恰逢冬春之交，湖北等地面临一系列的天气挑战——低云、低能见度、降雪、空中积冰频发，春雷萌动……这些都对航空运输飞行，尤其是通航飞行造成了极大的影响。由于缺乏低空探测信息和精细化预报手段，通航气象保障也遇到了不少障碍，这无疑是雪上加霜。

2 月 15 日，为了响应中国民用航空中南地区管理局（简称"中南管理局"）关于气象护航抗疫的号召，补齐通航气象保障短板，易天气（北京）科技有限公司（简称"易天气"）在接到任务后，立即组织技术人员，紧锣密鼓地投身于平台的开发工作中。72 小时不间断的在线开发、16 次高效率的视频电话会议、通过借助阿里云的防疫专用免费云资源、中国气象局快速到位的气象数据、中南空管局气象中心推送的航空气象产品以及粤港澳大湾区航空气象联合研究院的技术支持,易天气在 72 小时内实现了"中南地区疫情防控通用航空气象服务平台"在阿里云上的部署和上线,并在疫情期间向所有参与救援的通航企业、通航机场、民航单位以及相关机构免费开放使用。

中南地区疫情防控通用航空气象服务平台能够实时提供全国范围通用航空气象服务产品(图 1),主要包括地面气象站、雷达产品、卫星云图、探空资料、告警信息、天气预报、航路预报、报文检索和飞行文件九大功能。针对航路预报的要求,能够提供多起降点和任意飞行航路天气实况数据和未来 24 小时天气预报,并实时推送全国气象灾害预警信息,结合中南管理局发布的重要天气快报、预警信息,为通航提供及时、准确的告警信息,为抗疫救援物资通航运输保驾护航。

图 1　中南地区疫情防控通用航空气象服务平台

2 月 19 日上午,中南管理局组织多家技术研发单位参与平台上线视频电话会议,在对平台各项功能讲解和操作演示后,易天气(北京)科技有限公司开发的"中南地区疫情防控通用航空气象服务平台"得到了用户的充分认可,特别是中南管理局陈维副局长重点表扬了易天气公司的通航气象服务产品做得很有针对性，对指导通航作业有很好的支撑保障作用。

2020年6月，易天气在"中南地区疫情防控通用航空气象服务平台"基础上进行了升级改版，开发并上线了"云上气象台"，针对通航飞行的多场景、多用户、多环节，提供便捷、定制化的通航飞行情报产品及通航气象咨询服务。

"云上气象台"（图2）托管在EcoPaaS平台，EcoPaaS提供资源监控、程序伸缩容、程序报警等功能来保证云上气象台的高可用服务。EcoPaaS平台是基于阿里云搭建的稳定可靠、弹性扩展的云计算服务。

根据不同定位，云上气象台还定制了管理员、航司飞行员、航司预报员、注册预报员和游客5个用户角色，根据不同用户角色开放不同功能权限。

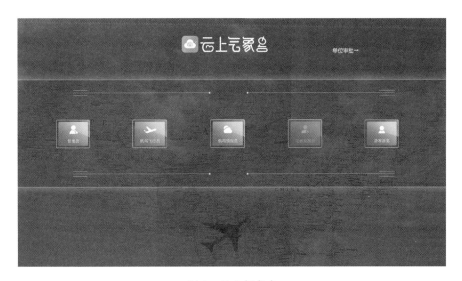

图2　云上气象台

开发"云上气象台"的主要目的是通过整合多源气象情报资源和渠道，构建通航用户、气象情报资源平台和气象预报员三位一体的通航气象服务生态圈，全链条、全方位地提供通航气象服务解决方案，打通通航用户与气象预报员之间的行业壁垒，赋能通航产业。

"云上气象台"能够提供全国范围的通用航空气象服务产品，为通航企业提供多起降点、任意飞行航路的天气实况和未来24小时天气预报，实时推送全国气象灾害预警信息。其主要包括气象信息查询、通用航空气象服务系统以及飞行情报制作三大功能模块和飞行文件、报文检索、雷达拼图、卫星云图、天气分析、地面观测站、探空资料、预告图产品、航路天气预报、短临预报、EC

预报、告警信息十二大信息模块（图3）。

图3　云上气象台功能图示

2020年9月，为了促进西北通航事业的安全有序发展，大力推动西北地区通用航空产业，特别是完善西北地区通航领域的低空气象服务，解决低空气象"资料少"和"预报粗"的现状，易天气联合西北通航协会共同赋能通航行动，提供更全面、细致、高效的航空气象服务。

陕西西北通用航空协会（简称"西北通航协会"）是西北地区唯一的通用航空行业协会，这次合作，易天气希望以"云＋端"模式实现云上计算能力，基于机器学习和精细化数值预报产品，建立的航空气象协同决策支持平台促进气象信息全面融入航空运行决策，提高复杂天气下航空运行决策水平，为推动通航产业园建设，利用西北地区旅游资源优势，大力发展旅游飞行和娱乐飞行，提供普遍服务，发挥通用航空行业组织的桥梁纽带作用。同时作为易天气的首席运营官，我们坚定地认为，作为一家有社会责任感的公司，加强通航安全气象保障，创新赋能通航飞行，是易天气在航空气象领域应该做且要做好的重要事情。

当前世界之大变革时期，在智慧气象蓬勃发展的大背景下，我们也要与欧美航空气象服务行业密切交流，从业务管理体系、探测设施、服务理念等方面，积极探索商业气象服务国际合作交流模式。利用物联网、人工智能等技术，实时互联、按需定制、跨界挖掘，运用商业智能，将气象分析更好地融入企业的经营战略中去，以更多的数据和强大的计算能力来支持企业使用商业智能来指定针对航空气象服务的产品策略，不断科技创新，激活商业气象服务市场，让天气有价值，让生活更美好。

港口智慧气象服务保障系统方案设计

沈岳峰[1]　卜清军[1]　黄小勇[2]　颜　飞[2]　呼莉莉[3]　张炜杰[3]

(1 天津市滨海新区气象局，天津 300457；2 北京双顺达信息技术股份有限公司，北京 100098；
3 天津港（集团）有限公司，天津 300461)

中国是世界上自然灾害最为严重的国家之一，气象灾害占中国自然灾害的71%左右。据统计，2019 年国家突发公共事件预警信息发布平台发布气象灾害预警信息占全部突发事件预警信息的 70%。我国正处在经济快速发展时期，航运事业不断拓展，沿海各港口吞吐量逐渐增长，港口建设规模及速度都显著提升，船舶发展具有大型化和专业化等特点，港口锚地也变得越来越拥挤。同时，极端天气事件对港口的影响日益显现，我国近 10 年气候资料表明，全国频繁出现各种极端天气事件。在全球气候变化影响下，沿海地区也不断受到影响，尤其是天气对港口作业的影响加剧。例如，2018 年 6 月 13 日下午青岛遭遇 12 级暴风雨天气袭击并伴有冰雹，青岛港八号码头，五台集装箱岸吊倒塌，部分船只受损，事故造成两名工作人员受伤；2017 年 8 月，广州南沙码头，受23 日"天鸽"台风影响，台风带来强降雨和百年一遇的大潮，水位超过码头的设计高程，导致码头上最底层的集装箱局部受到浸泡，部分集装箱内货物受损。

一、引言

港口是具有水路联运设备以及条件，供船舶安全进出和停泊的运输枢纽，是水陆交通的集结点和枢纽。一直被作为经济运行的"晴雨表"，港口运行状况直接反映了国民经济运行情况。气象灾害尤其大风、大雾天气过程对港区的工程建设与运营影响非常大，涉及港口枢纽升级、港口智慧转型、港口管理提升、港口协同发展等方面，严重阻碍港口经济的发展。近年来，海洋气象灾害频发对海上作业平台、航运、沿海基础设施等造成了较大的经济损失。同时，随着海上资源开发、海上丝绸之路、海上军事演练等活动日益频繁、暴露度增加，海洋气象灾害对社会经济带来的风险日趋增大，迫切需要集约气象与港口双向资源，利用先进的信息技术手段，研发港口智慧气象服务保障系统，为港口提供智慧、全面、专业、精细的气象服务保障。

二、传统港口气象服务现状及主要需求

（一）现状分析

气象部门经过多年建设和发展，已初步建成了包括海岸、海岛、塔台自动气象观测站、海上锚锭浮标观测站、志愿观测船、气象雷达以及气象卫星遥感等构成的以沿岸海域为主的气象观测系统。同时，港口由于安全生产需要，自行建有部分自动站、雷电监测、监控视频图像等监测手段。这些观测数据能够接入气象系统，作为精细化观测的补充。充分融合气象以及港口的观测资源，形成融合实况、预警、预报、气候分析于一体的大数据资源库。数据及系统基础如下。

实况数据： 气象自动站降水、气温、气压、能见度、相对湿度、风等观测数据，以及气象雷达、卫星云图、海洋潮位、海浪、台风、实景监测、空气质量、雷电等数据。

预警数据： 港区区域以及三圈范围内实时生效气象灾害预警信息。

预报数据： 港区、锚地区域早晨预报、上午预报、下午预报。

业务系统： 为了更好地服务于民生、企业和政府部门，经过多年的建设，气象部门普遍建设了相关服务业务系统，具有基本的监测预警、灾害评估、预报预测、公共服务、信息推送、业务监控和反馈评估等功能。

（二）高影响气象要素分析

目前，港口在生产过程中难免会受到恶劣天气的影响，不能够正常作业，比如大风、大雾、重度霾、暴雪、雷暴、台风等，这些恶劣天气会影响港口船只的进出港，货物卸载，造成港口压港现象严重，甚至还会造成港口停止作业。这些自然因素给港口企业和货运船只所带来的经济损失非常大。为了降低这种损失，需要气象信息与生产信息高度融合，根据天气预报来提前预测港口作业状况，为船只提供良好的到岗时间和合理的航行规划、为不同种类的货物装卸作业提供敏感气象要素预报，这样即能提高港口运作效率，又能避免不必要的损失，为生产决策提供有效的参考依据。

结合港口的作业特点，受影响较大的主要是码头作业和船舶航行，高影响

天气要素如下。

1. 码头作业高影响天气

码头作业高影响天气见表1。

表1 码头作业高影响天气表

业务类型	大风	大雾	暴雨	雷电	高温	强对流天气	风暴潮	台风
集装箱	✓	✓				✓	✓	✓
煤炭	✓	✓	✓			✓	✓	✓
矿石	✓	✓	✓			✓	✓	✓
化工品	✓	✓	✓	✓	✓	✓	✓	✓
油品		✓		✓	✓	✓	✓	✓
杂货	✓	✓	✓			✓	✓	✓
LNG		✓	✓	✓	✓	✓	✓	✓
邮轮客运	✓	✓	✓		✓	✓		✓

2. 船舶行驶高影响天气

主要包括锚地船舶停泊、航道船舶行驶、船舶进出港调度：大风、大雾（能见度）、风暴潮、台风等。

（三）需求分析

1. 提升港口气象服务准确率，迫切需要加强气象综合观测能力建设

气象服务能力的提升离不开海上风向风速、降水、能见度等气象观测资料的有力支撑，需要增加核心区域气象自动站观测服务和接入港区已有气象观测数据实现观测能力提升。

2. 提升港口气象服务精细化水平，迫切需要加强预报预测能力建设

为准确监测和预报海上灾害性天气，尤其海上大风、海雾、强对流，需要在已有基础上，针对港口区域开展关键预报技术和方法开发，建立高精度的预报预警指标体系，提高专业化分析、气象预报时效、预报准确率和精细化水平。

根据目前港口智慧气象服务需求，在港口精细化要素预报、灾害性天气预报、强对流监测预报等部分进行能力提升工作。

3. 提升港口气象服务信息化水平，迫切需要加快服务系统建设

为满足"智慧港口"对气象服务多元化的信息化应用需求，应用大数据、物联网、云计算、人工智能等先进的信息技术手段，结合港口业务需求，研发对应的功能应用系统，全面增强港口精细化气象预报、精准气象预警、专业气象服务等能力。

三、港口智慧气象服务保障系统方案设计

(一) 总体设计

以智慧气象业务体系为基础,依托包括数据层(包括气象大数据云平台、智能天气预报产品库等)、处理与分析层(包括客观预报技术、人工智能技术等)、应用层(包括网格预报、预警预报、数据展示、智能加工等),通过提升气象综合观测能力(包括在港区部署气象自动站、接入监控视频、接入雷电和气象观测系统,以及 AI 图像识别观测系统)、预报预测能力(包括提升在港口区域的精细化要素预报、灾害性天气预报、强对流监测预报等能力),构建满足"智慧港口"需要的产品层(包括数据服务、预报服务、短临预报服务、预警服务、专业气象服务),实现港口气象业务、服务、管理信息组织的精细化和扁平化(图1)。

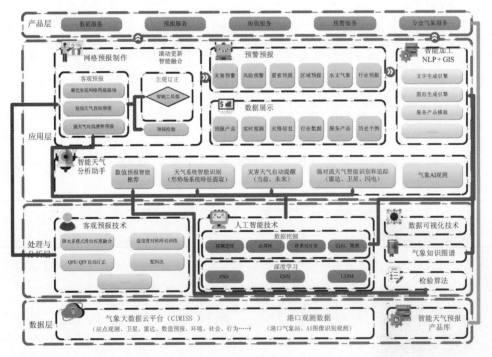

图 1　总体设计图

(二) 港口气象服务大数据平台

1. 港口数据采集

数据采集将对接 CIMISS(全国综合气象信息共享平台)、CMACAST(中国气象局卫星广播系统)、EC、GRAPES、气象本地数据和港口本地数据为数

据源，采集和解析自动气象站、海洋观测站、雷达、卫星、闪电定位等实况监测数据，风廓线资料、遥感资料、区域精细化格点预报产品、雷达外推强对流产品、空气质量预报产品；并且能够提取气温、气压、相对湿度、风向、风速、能见度、降水、海浪、海冰、空气质量、潮位等各种气象和海洋要素。采集和解析港区雷电系统数据、风速仪数据、视频监控数据等；提取港区雷电信息、港区风向风速、视频数据等，并通过气象分析业务专家评估后融入研究项目中，对预报数值进行实时订正（图2）。

构建中间交互库实现本地数据缓存，通过消息中间层，实现数据统一访问。同时，快速处理气象实况监测和预报数据，建立后端数据快速预处理功能，并转换格式和投影，为实现 WebGIS 的完美展现提供数据支持。提供数据采集备份方案，当常规数据接口出现故障无法保障业务正常运行时，可随时切换。

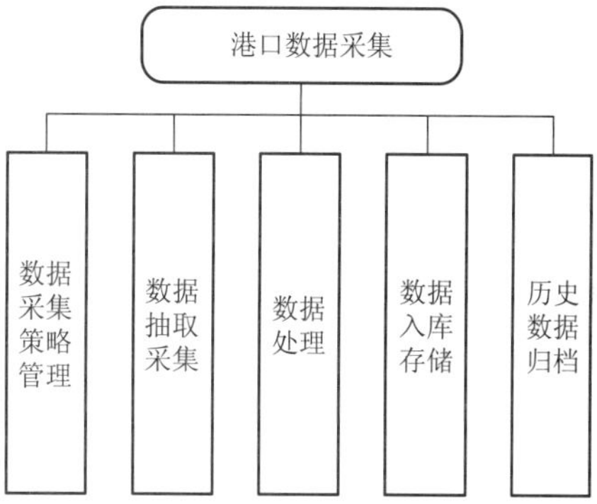

图 2 港口数据采集组成

2. 气象数据三维可视化

结合气象要素，提供港口区域内的风、降水、能见度、温度等各类图层数据，可与港口 GIS 系统地图叠加展示。利用三维立体式 GIS 地图对气象相关的实况、预报、预警等数据进行可视化展示（图3、图4）。港区地图，各公司气象定点经纬度。

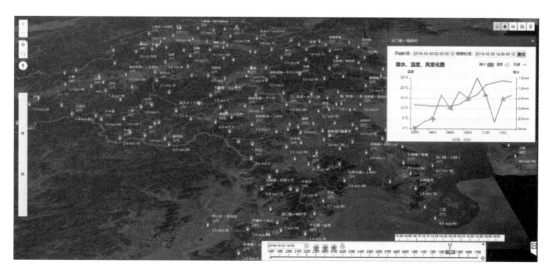

图 3 站点数据可视化

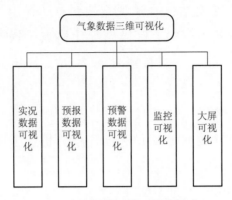

图 4 气象数据三维可视化组成

(三) 港口历史气象条件分析平台

提供近 2 年历史气象预报数据和格点预报数据查询、下载 (图 5),其中气象要素包括:气温、风速、风向、气压、相对湿度、降水量、能见度。

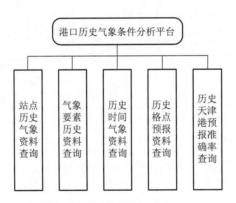

图 5 港口历史气象条件分析平台组成

1.站点历史气象资料查询

利用对港口数据采集存储的气象大数据资源,实现对可统计任意时间段内,任意气象要素均值、极值、总量值、距平值等,并且加工处理输出数据的统计表、等值线图、色斑图、插值格点图、折线图和柱状图等图表。选定气象站后,查询该站历史气象资料,统计分析结果包括数据表、统计图、地图叠加显示,数据、图像、表格均可下载保存。

2.气象要素历史资料查询

提供港区及海区基于不同气象要素的查询功能,实现气温、降水、风速风向、能见度、湿度、台风等气象要素的查询筛选,并针对以上自动站实况信息进行分析,结合各项业务需求,例如降水(逐 3 小时、逐 6 小时、逐 12 小时、逐 24 小时、08—08 时、20—20 时）等实时监测信息，实现单站多要素统计、多站单要素统计、气象要素值距平分析等，以表格、折线图、柱形图等形式进行显示。

3. 历史时间气象资料查询

基于港区及海区，选定查询的时间点或起止时间段后，查询该时间点或时间段的历史气象资料，实现卫星、雷达、区域指导预报（广播稿）、预警信号等常规气象资料的查询与统计，统计结果展示包括数据表、统计图、地图叠加显示。

4. 历史格点预报资料查询

基于港口港区、海区及周边区域，选定查询的时间点或起止时间段后，查询该时间点或时间段的历史格点预报数据，对格点的预测温度、降雨量、湿度、能见度、风速风向等数据资料进行查询。

5. 历史港口预报准确率查询

港口智慧气象服务保障系统开始投入使用一年之后，可查询某一年度预报准确率，并与全国相应预报准确率做对比。

（四）港口精细化气象预报平台

建设港口精细化气象预报平台（图 6），以气象服务数据环境为基础，利用精细化格点预报和预警产品以及海域精细化预报产品，为港区及海区提供气温、风、海浪、能见度等预报产品，以及基于雷达资料的未来 2 小时降水预报。基于 WebGIS 技术，以港区及海区为服务位置图层，对港口客观预报进行图表可视化，提供基于港口位置的相关气象要素预报。

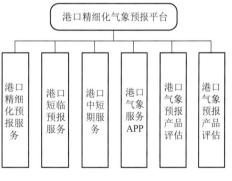

图 6　港口精细化气象预报平台组成

1. 港口精细化预报服务

自动化、智能化、便捷化地对港口精细化预报产品进行处理加工，自动输出满足港口区域以及港口附近海区精细化预报预警需求的相关业务产品；对多时间尺度降水产品进行集中显示，并对达到预警阈值的大风、暴雪、能见度、浪高、暴雨、强降水进行提醒，形成初步预警图文信息；并在相应时间维度上显示相关数值预报的形势场和物理量场。

以作业公司、航道、锚地为大单位,以网格为小单位,执行网格精细化预报,制作港区气象风险分布图,提供港口附近海域划分片区预报产品。按照作业公司划分,建立网格精细化数值预报模式,分辨率为1千米×1千米、精细化到小时级。根据各区域高影响天气因素进行精细化预报,指导船舶行驶及码头作业,包括港口船舶靠离泊位、港口装卸、堆场作业等业务工作。

2. 港口短临预报服务

提供港口各关注点未来2小时内分钟级短临降水预报服务。提供基于雷达外推等算法的港口分钟级短时临近预报服务,并和短时临近一体化平台的预报服务、分钟级短时临近预报服务共同组成港口短时临近产品应用(图7)。

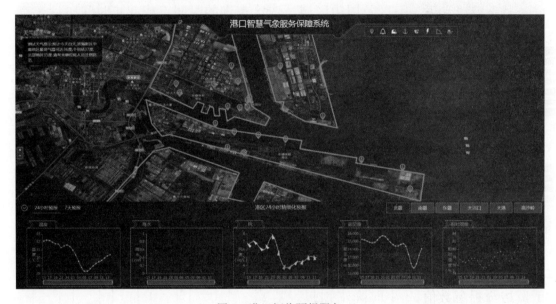

图7　港口短临预报服务

通过对接网格预报解释应用提供的接口,实时对接优选后的短时临近预报产品,分要素分时效提供海雾、雷电、大风和短时强降水等灾害性天气的自动化监测预警,并提供逐时滚动更新短临预警产品的功能;根据服务对象的特点制定预警启动和终止的规则,满足不同用户对气象服务的专业化需求。

3. 港口中短期服务

中短期服务产品制作能采用鼠标点击、划线、划区的方式,自动判别港口相关用户需要的位置,实现对天气现象、降水量、能见度、风的编辑订正。根据网格指导预报产品自动生成海洋气象服务(包括海区预报、港口码头预报、航线预报),形式为表格、图形和文档等。实现文档的标签化功能,通过预定义的文字信息库自动生成海洋气象预报结果，内容包括期号、预报时间、时效、范围、要素等文字说明以及灾害性天气落区图，形式为 WORD 文档等（图 8）。

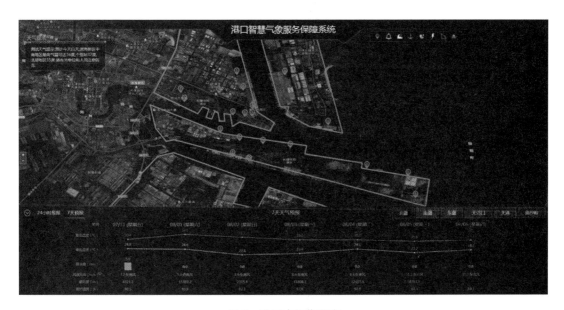

图 8 港口中短期服务

4. 港口气象服务 APP

研发港口气象服务 APP，将港区的实况信息、天气预报、数值预报、天气雷电、卫星云图、台风信息、强对流天气、应急预案、管制信息等进行移动化展示。由相关用户自定义对关注的气象要素进行实况提醒订阅，构建多维的阈值监控与提醒数值，当实况监测信息触发阈值时进行自动提醒展示。能够及时接收气象预报信息与预警信息。

5. 港口气象预报产品评估

系统按照中短期、短临预报检验方法，对多源产品进行检验，以提高预报准确率为目标，采用集成预报方法、频率拟合法、最优 TS 评分法等方法，对多源监测、预报产品进行检验分析。从而综合评定各类预报产品的稳定性和准确性，给出预报准确率最高的预报方案和基础预报产品来源，为预报制作提供参考依据。

系统还能够针对格点预报将格点的预报数据与实况监测数据进行同时间尺度的叠加与对比，利用实况数据对预报数据的准确性进行校验与订正，通过对比分析，寻求预报中的薄弱环节进行重点强化，不断优化提升预报质量和准确性，切实发布精准气象预报服务对港口生成作业的指导作用。

6. 港口常规预报服务

主要包括常规短期预报、中长期预报、海区预报，按照港区、锚地和海区的划分相应区域，提供分区预报、近海航线天气预报、海洋浪高、海冰预报等。基本预报要素包括：天气现象、风向、风速、气温、相对湿度、能见度、浪高、降水量等，预报时效：周、旬、月。

（五）港口精细化气象预警平台

针对港口关注的高影响天气，基于接入的气象数据通过系统精细化运算，

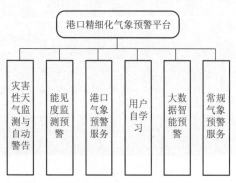

图 9　港口精细化气象预警平台组成

提供分辨率为 1 千米×1 千米、逐 1 小时、24 小时网格预报数据，融合港口精细化短临预警产品，结合港区各码头公司、运输企业的区域格点化现状，提供自动化的精细化预警服务（图 9）。

1. 灾害性天气监测与自动警告

基于短时临近预警产品，实现暴雨、雷雨大风、大雾、闪电等灾害性极端天气的预警监测；通过在后台设置监测要素的阈值、区域、时间等参数，在电子地图上以警告符号、文字闪烁、声音等方式进行预警与告警提示（图 10）。预警产品也可根据不同行业的需求，在对

图 10　灾害性天气监测与自动警告

应的区域范围用红色、绿色和黄色来作为警示使用。

2. 能见度监测预警

通过基于 AI 人工智能算法来识别雾区，开发并部署本地化系统，接入 CIMISS 等海雾资料数据输出港口海雾的监测产品，算法和产品需要实现本地化运行。

3. 港口气象预警服务

针对港口作业相关气象预警需求，制定港口气象预警服务，分区域、分风险等级，进行港口预警信息制作、发送管理。按照港口作业范围、业务特点，进行专业气象预警信息制作发布（图 11）。

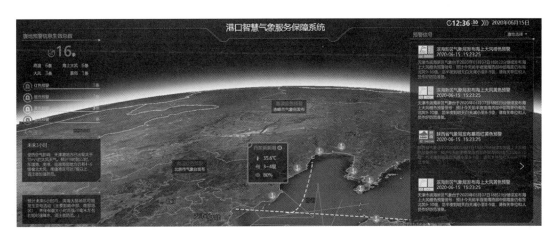

图 11　港口气象预警服务

4. 用户自学习

系统能够针对不同用户的使用习惯和使用关注点进行记录，并利用大数据用户画像技术手段对用户按照不同的标签维度进行画像，以气象信息可视化、历史气象查询分析、气象预报、气象预警等主要维度，结合更加细致的子维度对用户进行画像与聚类，构建用户自学习的使用模型。在用户使用系统功能时能够结合不同分类的用户提供不同时空尺度、不同气象要素的实况、预报、预警服务，提高系统交互性水平。

5. 大数据智能预警

应用 AI 学习建模平台，对风险感知模型进行迭代式训练（图 12）。调取大数据智能特征库中形成的主要数据特征集，并按照数据特征映射调取数据立方体中的相关数据作为模型训练的训练数据集。

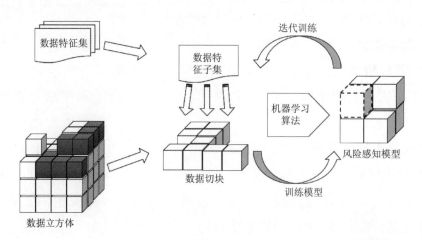

图 12　迭代式风险模型训练

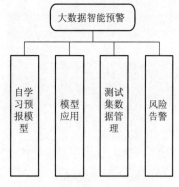

图 13　大数据智能预警组成

优先选用分类算法体系中的多元线性回归、贝叶斯等算法，自动建立初步的数据预测模型。按照此类计算的方法和规程，系统不断的迭代式计算，逐批次应用数据对模型进行训练与计算，由数据预测模型采用自学习的计算模式在每次迭代的过程中对自身的各项系数、常数进行优化与调整，在满足上一阶段计算结果的基础上，不断的逼近新批次数据的训练结果，最终形成港口气象风险感知模型（图13）。

6. 常规气象预警服务

按照政府预警发布标准，进行港区陆地大风、暴雨、大雪、高温、台风、风暴潮、雷电等预警信息发布服务，内容包括：预警发布单位、预警类型、预警等级、预警内容、影响区域、失效时间、预警标识等。

（六）港口专业气象服务平台

结合港口气象服务需求，联合气象部门业务专家设立港口气象服务小组，按照服务标准，进行气象专业预测和服务工作。进行服务培训、技术及业务咨询和交流。

在系统建设方面构建专业气象服务知识库，对服务标准进行信息化处理，利用工作流引擎，按照相关的服务流程完成相关服务任务的待办提醒功能。实现服务培训功能，将系统相关的文档、图片、视频等教材资料纳入到知识库中，并提供信息快速检索的入口。搭建互动交流的平台，相关用户能够就学习中的问题、业务中的难点以及系统操作中的一些困惑与建议进行相互的探讨与沟通，以此来加强团队的融合，提升在线学习的效果。

（七）港口精准气象服务系统

依托港口专业气象服务内容，建设港口精细化气象服务系统，内容涵盖港口实况监测、精细化预报预警、决策辅助、短临预报、历史气象资料查询等功能，并做港口本地化部署。平台兼顾美观和实用，应用流场展示平台，进一步拓展优化（图14）。

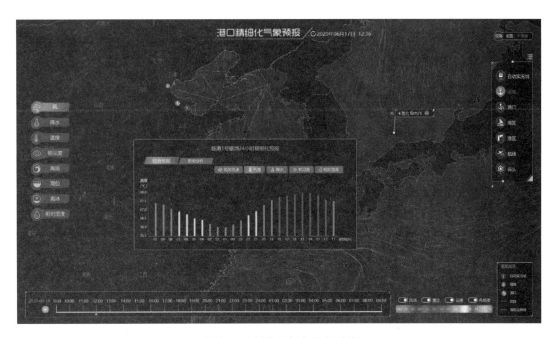

图14　港口精准气象服务系统

四、结语

针对不同作业对气象条件的不同要求，需要结合大风、大雾、强降水、雷电等天气因素对港口安全作业的直接影响，提供智能化、精细化、全面化、专业化的港口气象服务。本系统的设计顺应当前新基建、互联网＋、智能＋等国家战略要求，以数据为基础、以创新为驱动、以技术为手段，面向全国各大港口，提供优质的气象预报、预警服务保障，全面提升港口气象服务水平。

参考文献

丁锋，刘飞，张晋，等，2019.基于气象条件的船舶引航风险等级［J］.中国航海，42(2)：71-74，113.

孔扬，王科，薛国强，等，2019.新时期宁波舟山港气象服务新模式［J］.中国水运，19(10)：25-26，28.

祁欣，杨红梅，胡冬莉，等，2011.连云港现代港口综合气象服务保障系统开发与应用［J］.计算机光盘软件与应用（1）：155-156.

孙玫玲，王雪娇，郭玲，等，2020.智慧港口气象服务系统建设——以天津港为例［J］.气象研究与应用，41(1)：31-34.

周福，黄思源，许利明，等，2017.宁波国际港口气象服务模式初探［J］.气象科技进展（1）：134-137.

黑河市旅游气象指数分析

黄英伟[1]　王秀荣[2]　王　蕾[1]　阙粼婧[1]　赵山山[3]

(1 黑龙江省气象服务中心，哈尔滨 150036；2 中国气象局公共气象服务中心，北京 10081；
3 黑河市气象局，黑河 164300)

一、引言

气象、气候与人类生活、生产的关系极为密切，而且与人类的旅游活动也有不可分割的联系：气候的地域差异，决定旅游资源分布的地域差异；气候影响自然景观的季相变化、气候影响旅游客流的时间变化和空间分布以及游客的旅游心理，从而影响旅游的质量（甘枝茂等，2007）。因此掌握所在区域气候变化规律，了解当地旅游气候资源优势和短板，可以为旅游资源开发利用、自然资源保护、发展区域旅游经济提供科学依据（王宁等，2020）。2012 年实施的国家标准《人居环境气候舒适度评价》（全国气象防灾减灾标准化技术委员会，2011），通过温湿指数和风寒指数评价各地的气候适宜度，从而确定旅游适宜期；Tang（2013）提出度假气候指数（HCI）用来表征某个地区的气候旅游舒适度；2020 年实施的气象行业标准《避暑旅游气候适宜度评价方法》规定了中低海拔地区（海拔高度低于 2500 米）避暑旅游气候适宜度的评价和等级划分方法（全国气象防灾减灾标准化技术委员会，2019）；王秀荣等（2020）利用理论雪期、滑雪气象指数对特定区域的滑雪运动气候适宜度进行评价。本文黑河市地处中国东北边陲，大兴安岭东端，小兴安岭北部，境内河流主要为黑龙江、嫩江两大水系，总面积 6.87 万千米²，东南和伊春市、绥化市接壤，西南同齐齐哈尔市毗邻，西部与内蒙古自治区隔嫩江相望，北部与大兴安岭地区相连，东北隔黑龙江与俄罗斯阿穆尔州相对。黑河大体为"六山一水一草二分田"：境内山丘起伏连绵，河流纵横交错，地势中部高、两侧低，北部高、南部低的特点，平均海拔在 500～900 米，黑河群山连绵起伏，沟谷纵横，地势西北部高，向东南逐渐降低。地域内有沿江和内陆，下垫面复杂，森林覆盖面积

300 多万公顷，覆盖率达 82.2％，素有"林都"的美誉。黑河地区属于寒温带湿润大陆性季风气候，四季分明，气候宜人，大风日少，光照充足。春、秋两季时间短促，春季多风，秋季清凉；夏季温和、多雨；冬季寒冷、降雪丰富。与俄罗斯远东地区第三大城市、阿穆尔州首府——布拉戈维申斯克市隔江相望，是中俄 4374 千米边境线上，唯一一个与俄联邦主体首府相对应的距离最近、规模最大、规格最高、功能最全、开放最早的边境城市。根据黑河市统计局数据显示：2004 年以来，黑河地区游客人数及旅游收入逐年稳步提升，2019年全年接待国内外游客 1313.2 万人次，同比增长 14％；旅游收入 114.7 亿元，增长 14.1％；边境旅游出入境人数 102 万人次，增长 16％。其中，出境人数 51.1 万人次，增长 15.8％；入境人数 50.9 万人次，增长 16.1％。边境旅游收入 17.8 亿元，增长 16％（数据来自黑河市 2001—2019 年国民经济和社会发展统计公报）。旅游产业为黑河地区创造了巨大的经济效益，旅游业的迅猛发展对旅游气象服务保障也提出了更高的要求。在此背景下，计算黑河全市各区县气候舒适度、度假气候指数、避暑旅游气候适宜度、理论雪期和滑雪气候适宜度，分析各类旅游气象指数在黑河地区的适用性，可以为合理评估和开发利用黑河市旅游气候资源提供科学依据，在指导游客出行、减少旅游安全事故、降低景区因灾损失等方面发挥更加积极的作用。

二、资料与方法

（一）资料来源

研究资料采用黑河地区下属的黑河、嫩江、孙吴、逊克、五大连池、北安六个国家级气象观测站 1981—2010 年逐日平均气温、降水量、最大风速、平均风速、日最高气温、日最低气温、相对湿度等观测资料。

（二）处理方法

1. 气候舒适度

本文根据 2012 年 3 月 1 日实施的中华人民共和国国家标准《人居环境气候舒适度评价》（GB/T 27963—2011）的规定，计算方法及人居环境舒适度等级的划分标准如表 1 所示（全国气象防灾减灾标准化技术委员会，2011）。

考虑温度、湿度、风速、日照等因素，计算温湿指数（I）、风效指数（K），分析 1981—2010 年黑河地区各站点各月旅游气候舒适度等级。

表 1　人居环境气候舒适度等级划分表

等级	感觉程度	温湿指数	风效指数	健康人群感觉的描述
1	寒冷	<14.0	<−400	感觉很冷,不舒服
2	冷	14.0~16.9	−400~−300	偏冷,较不舒服
3	舒适	17.0~25.4	−299~−100	感觉舒适
4	热	25.5~27.5	−99~−10	有热感,较不舒服
5	闷热	>27.5	>−10	闷热难受,不舒服

温湿指数 I 计算公式见式（1）：

$$I = T - 0.55 \times (1 - RH) \times (T - 14.4) \tag{1}$$

式中，I：温湿指数，保留一位小数；T：某一评价时段平均温度（℃）；RH：某一评价时段平均空气相对湿度（%）。

风效指数 K 计算公式见式（2）：

$$K = -(10\sqrt{V} + 10.45 - V)(33 - T) + 8.55S \tag{2}$$

式中，K：风效指数，取整数；T：某一评价时段平均温度（℃）；V：某一评价时段平均风速（米/秒）；S：某一评价时段平均日照时数（小时/天）。

当两种指数不一致时，冬半年使用风效指数，夏半年使用温湿指数。当评价时段平均风速大于 3 米/秒的地区使用风效指数。

2. 度假气候指数（HCI）

本文根据 Tang（2013）提出的度假指数（HCI）计算方法，通过热舒适因子 T、审美因子 A、物理因子 P 对黑河地区各站度假气候指数（HCI）进行分析，各因子所占权重见表 2。

表 2　度假气候指数（HCI）的组成

影响因子	气候变量（单位）	权重（%）
热舒适（T）	日最高气温（T_a） 日平均相对湿度（RH）	40
审美（A）	云覆盖率（%）	20
物理（P）	日降水量（毫米）	30
	风速（米/秒）	10

热舒适因子表示人体对温度高低的感觉，通过日最高气温和日平均相对湿度根据式（3）获得的有效温度（T_E，即环境温度经过湿度订正后的人体实感温度）来表征；审美因子通过云量的多寡来表征；物理因子通过降水量（R）和风速（V）来表征。

$$T_E = T_a - 0.55(1 - RH)(T_a - 14.4) \tag{3}$$

式中，T_E：有效温度（℃）；T_a：环境温度（℃）；RH：相对湿度（用小数表示）。

通过查看度假气候指数（HCI）评分方案表得到各因子分值，然后根据式(4) 计算 HCI，其值处于 $0 \sim 100$，对应的度假气候指数 HCI 的分级标准如表3所示。

$$HCI = 4T + 2A + (3R + V) \tag{4}$$

表3　度假气候指数（HCI）评分方案表

得分	有效温度（℃）	日降水量（毫米）	云覆盖率（%）	风速（千米/小时）
10	23～25	0	11～20	1～9
9	20～22 26	<3	1～10 21～30	10～19
8	27～28	3～5	0 31～40	0 20～29
7	18～19 29～30		41～50	
6	15～17 31～32		51～60	30～39
5	11～14 33～34	6～8	61～70	
4	7～10 35～36		71～80	
3	0～6		81～90	40～49
2	−5～−1 37～39	9～12	>90	
1	<−5	>12		
0	>39	>25		50～70
−1				
−10				>70

表4　度假气候指数（HCI）分级标准

90～100	80～89	70～79	60～69	50～59	40～49	30～39	20～29	10～19
理想状况	特别适宜	很适宜	适宜	可以接受	一般	不适宜	很不适宜	特别不适宜

3. 避暑旅游气候适宜度（L）

本文按照避暑旅游气候适宜度评价方法（Tang，2013），利用避暑旅游气

候舒适度 B 和高影响天气对避暑旅游影响程度 M 计算出避暑旅游气候适宜度 L。

避暑旅游气候舒适度 B 的计算基于体感温度等级划分，利用公式（5）—（8）计算出黑河地区六个站点的避暑旅游气候舒适度 B。

$$B=\frac{B_O}{B_{\max}} \tag{5}$$

$$B_O=\sum_{i=1}^{4}r_i\times R_i \tag{6}$$

$$r_i=\frac{D_i}{N} \tag{7}$$

$$T_s=\begin{cases} T+\dfrac{15}{T_{\max}-T_i}+\dfrac{V_{RH}-70}{15}-\dfrac{V-2}{2} & T\geqslant 28\ ℃ \\[2mm] T+\dfrac{V_{RH}-70}{15}-\dfrac{V-2}{2} & 17\ ℃<T<28\ ℃ \\[2mm] T-\dfrac{V_{RH}-70}{15}-\dfrac{V-2}{2} & T\leqslant 17\ ℃ \end{cases} \tag{8}$$

式中，B_O：均一化前避暑旅游气候舒适度；$B_{\max}$：评价时期内全国城镇级站点 B_O 的最大值；i：体感温度等级，等级划分见表5；r_i：不同体感温度等级 i 发生的频率；R_i：不同体感温度等级 i 的影响权重，1 级 60%，2 级 30%，3 级 10%，4 级 0%；D_i：不同体感温度等级 i 发生的时刻次数；N：评价时期内参与统计的总时刻次数；T_s：体感温度值，单位为摄氏度（℃）；T：有效避暑旅游时段内时刻气温值，单位为摄氏度（℃）；$T_{\max}$：日最高气温值，单位为摄氏度（℃）；T_i：日最低气温值，单位为摄氏度（℃）；V_{RH}：有效避暑旅游时段内时刻相对湿度值，单位百分比（%）；V：有效避暑旅游时段内时刻风速值，单位为米每秒（m/s）。

表5　体感温度等级

体感温度等级（i）	体感温度（T_s）
1 级	$22\leqslant T_s\leqslant 24$
2 级	$20\leqslant T_s<22$ 或 $24<T_s\leqslant 25$
3 级	$18\leqslant T_s<20$ 或 $25<T_s\leqslant 28$
4 级	$T_s<18$ 或 $28<T_s$

避暑旅游高影响天气影响程度 M，针对暴雨、高温、大风、雷暴等这些对避暑旅游活动造成明显不利影响或危及人体健康和人身安全的天气进行评价分析，通过公式（9）计算出黑河地区六个站点的高影响天气程度 M。

$$M = 4 \times \sum_{j=1}^{4} M_j \times R_j \qquad (9)$$

式中，M：避暑旅游高影响天气影响度；j：各高影响天气，1、2、3、4分别为暴雨、高温、大风、雷暴；M_j：各高影响天气 j 影响度；R_j：各高影响天气 j 权重，暴雨、高温、大风、雷暴的权重分别为 45%、30%、15%、10%。

通过公式（5）—（9）计算得到避暑旅游气候舒适度 B 和高影响天气对避暑旅游影响程度 M，根据式（10）计算出黑河地区六个站点的避暑旅游气候适宜度指数 L，对应的避暑旅游气候适宜度指数 L 的等级划分如表6所示。

避暑旅游气候适宜度计算公式为：

$$L = 100 \times (B - M) \qquad (10)$$

表6 避暑旅游气候适宜度指数（L）等级划分表

级别	级别名称	划分指标	等级说明
1级	很适宜	$L \geqslant 20$	气候条件很适宜避暑旅游
2级	适宜	$15 \leqslant L < 20$	气候条件适宜避暑旅游
3级	较适宜	$5 \leqslant L < 15$	气候条件较适宜避暑旅游
4级	不适宜	$L < 5$	气候条件不适宜避暑旅游

4. 滑雪气候适宜度评价

本文根据王秀荣等（2020）提出的理论雪期和滑雪气候适宜度评价方法，选取黑河站 1981—2019 年的日降雪量、平均风速、日最高气温数据，对黑河站所在的黑河市爱辉区的滑雪气候适宜度进行评价，滑雪适宜度等级及日降雪量、平均风速、日最高气温阈值区间如表7所示。

表7 滑雪适宜度等级及日降雪量、平均风速、日最高气温阈值区间

滑雪适宜度等级	日降雪量（毫米）	平均风速（米/秒）	日最高气温（℃）
最适宜	$R < 0.1$	$0 \leqslant V < 3.5$	$-12 \leqslant T_{max} < 2$
较适宜	$0.1 \leqslant R < 2.5$	$3.5 \leqslant V < 5$	$2 \leqslant T_{max} < 5$，$-16 \leqslant T_{max} < -12$
不太适宜	$2.5 \leqslant R < 5$	$5 \leqslant V < 7$	$5 \leqslant T_{max} < 10$，$-20 \leqslant T_{max} < -16$
不适宜	$5 \leqslant R < 7.5$	$7 \leqslant V < 3.5$	$10 \leqslant T_{max} < 15$，$-30 \leqslant T_{max} < -20$
极不适宜	$R \geqslant 7.5$	$V \geqslant 10$	$T_{max} \geqslant 15$，$T_{max} < -30$

利用最高气温、日平均风速、日降水量的归一化转换为函数滑雪适宜度气温指数 T_{ID}、风速指数 V_{ID}、降水指数 R_{ID}，利用公式（11）—（13）计算各指标之间的关联度 λ_m。

$$U_m = (1, 1, 1) \tag{11}$$

$$\Delta_m = U_m - X_m(T_{ID}, V_{ID}, R_{ID}) \tag{12}$$

$$\lambda_m = 1/(1+\Delta_m) \tag{13}$$

式中，U_m：滑雪运动极端最不适宜气象因子参考序列；X_m：计算归一化后指标序列 X_m（T_{ID}，V_{ID}，R_{ID}）；Δ_m：归一化后指标序列 X_m 与最不适宜参考序列 U_m 之间的欧氏距离数值；λ_m：关联度，λ_m 越大，表明各指标的不适宜程度越高；反之，越低。

各项指标距离参考序列的综合关联度计算公式（14）如下：

$$snowid = \frac{1}{3}\sum_{m=1}^{3} K_m \cdot \lambda_m \tag{14}$$

式中，K_m：各指标的权重系数，根据专家打分法，气温、风速和降水的权重系数分别为 0.4、0.4、0.2。

本文根据公式（14）算出黑河六个站点的滑雪综合适宜度。滑雪综合等级阈值区见表8。

表8　滑雪综合适宜度等级阈值区间

滑雪综合适宜度等级	滑雪综合等级阈值（$snowid$）
最适宜	$0.5 \leqslant snowid < 0.625$
较适宜	$0.625 \leqslant snowid < 0.75$
不太适宜	$0.75 \leqslant snowid < 0.875$
不适宜	$0.875 \leqslant snowid < 1$

三、旅游气象指数分析

（一）黑河地区气候舒适度

根据黑河地区六个站点1981—2010年日平均气温、相对湿度、平均日照时数和平均风速的气候资料，计算得到黑河地区各站各月人居环境舒适度等级（见表9）。其中，黑河全域各月平均居住环境人体舒适度等级均在3级以下，说明全年无炎热天气；黑河全域6—8月气候舒适度处于舒适等级，其他月份均为寒冷等级。

表9　1981—2010年黑河地区各月气候舒适度等级

月份	感觉程度					
	黑河	北安	嫩江	逊克	孙吴	五大连池
1月	寒冷	寒冷	寒冷	寒冷	寒冷	寒冷
2月	寒冷	寒冷	寒冷	寒冷	寒冷	寒冷
3月	寒冷	寒冷	寒冷	寒冷	寒冷	寒冷
4月	寒冷	寒冷	寒冷	寒冷	寒冷	寒冷
5月	寒冷	寒冷	寒冷	寒冷	寒冷	寒冷
6月	舒适	舒适	舒适	舒适	舒适	舒适
7月	舒适	舒适	舒适	舒适	舒适	舒适
8月	舒适	舒适	舒适	舒适	舒适	舒适
9月	寒冷	寒冷	寒冷	寒冷	寒冷	寒冷
10月	寒冷	寒冷	寒冷	寒冷	寒冷	寒冷
11月	寒冷	寒冷	寒冷	寒冷	寒冷	寒冷
12月	寒冷	寒冷	寒冷	寒冷	寒冷	寒冷

由此可知，黑河地区夏季少有炎热不适，适宜开展避暑旅游，但春、秋、冬三季气候舒适度均处于寒冷等级，按照人居环境气候舒适度评价标准认为感觉很冷，不舒服，不利于开展旅游活动。

（二）黑河地区度假气候指数（HCI）

按度假旅游指数（HCI）的旅游适宜期评级分类标准，可以计算出黑河地区六个站点各月的度假气候指数以及其对应等级（见表10），其中，黑河、北安、逊克、孙吴、嫩江、五大连池6—8月为度假旅游的"特别适宜期"，5月和9月为度假旅游的"很适宜期"；其余7个月为度假旅游的"适宜期"。

表10　1981—2010年黑河地区各月度假气候指数（HCI）及等级

月份	黑河		北安		嫩江		逊克		孙吴		五大连池	
	HCI值	等级	HCI值	等级	HCI值	等级	HCI值	等级	HCI值	等级	HCI值	等级
1月	60	适宜	62	适宜	62	适宜	60	适宜	60	适宜	60	适宜
2月	63	适宜	62	适宜	62	适宜	62	适宜	66	适宜	62	适宜
3月	67	适宜	67	适宜	67	适宜	68	适宜	68	适宜	67	适宜
4月	68	适宜	68	适宜	68	适宜	68	适宜	68	适宜	68	适宜
5月	74	很适宜	76	很适宜	76	很适宜	76	很适宜	76	很适宜	74	很适宜
6月	84	特别适宜	84	特别适宜	83	特别适宜	89	特别适宜	84	特别适宜	83	特别适宜
7月	84	特别适宜	84	特别适宜	83	特别适宜	84	特别适宜	84	特别适宜	82	特别适宜

月份	黑河		北安		嫩江		逊克		孙吴		五大连池	
	HCI值	等级	HCI值	等级	HCI值	等级	HCI值	等级	HCI值	等级	HCI值	等级
8月	84	特别适宜	86	特别适宜	85	特别适宜	86	特别适宜	86	特别适宜	84	特别适宜
9月	76	很适宜	79	很适宜	78	很适宜	77	很适宜	77	很适宜	76	很适宜
10月	66	适宜	67	适宜	66	适宜	67	适宜	66	适宜	66	适宜
11月	61	适宜	64	适宜	63	适宜	64	适宜	64	适宜	63	适宜
12月	60	适宜	60	适宜	60	适宜	60	适宜	60	适宜	60	适宜

从 HCI 值的月份分布来看（图 1），黑河地区度假气候指数相近，HCI 值均在 60 以上，都为适宜以上的等级，其中 6—8 月为 HCI 的峰值区，与气候舒适度中 6—8 月为舒适等级保持一致，适宜开展避暑旅游。

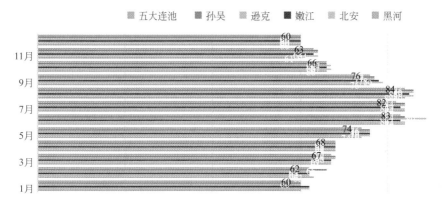

图 1　1981—2010 年黑河地区各月度假气候指数（HCI）

（三）黑河地区避暑旅游气候适宜度

按照避暑旅游气候适宜度评价方法，根据避暑旅游气候舒适度和高影响天气对避暑旅游影响程度构成的指标，可以计算出黑河地区六个站点的避暑旅游气候适宜度指数划分为 4 级，详见表 11。

表 11　黑河地区避暑旅游气候适宜度指数（L）及等级划分表

月份	黑河		北安		嫩江		逊克		孙吴		五大连池	
	L值	等级	L值	等级	L值	等级	L值	等级	L值	等级	L值	等级
6月	13.3	较适宜	15.8	适宜	6.3	较适宜	18.5	适宜	12.1	较适宜	14.3	较适宜
7月	31.6	很适宜	35.5	很适宜	29	很适宜	35.9	很适宜	32.2	很适宜	34.6	很适宜
8月	21.9	很适宜	28.1	很适宜	18.4	适宜	28.2	很适宜	21.8	很适宜	25.3	很适宜
6—8月	22.4	很适宜	26.6	很适宜	18.1	适宜	27.6	很适宜	22.3	很适宜	24.9	很适宜

(四) 黑河市爱辉区滑雪气候适宜度

按照滑雪气候适宜度评价方法,对 1981—2019 年雪期内黑河市爱辉区综合滑雪气候适宜度进行评价。

本文由于每个年度雪期统计都是在当年进入雪期,第二年雪期结束为一个统计周期,因此,将雪期年份以雪期开始的年份代表,如 1981—1982 年度雪期写为 1981 年、1982—1983 年度雪期写为 1982,以此类推。

由图 2 可以看出,1981—2019 年,爱辉区雪期年均日数为 89.7 天。雪期日数随年代呈略有减少趋势。该研究结果从侧面验证了在全球气候变暖的大背景下,爱辉地区冬季最高气温低于 0 ℃ 的天数有减少趋势。雪期日数最少为 47 天,出现在 2018 年,也是常年雪期日数唯一不足 50 天的一年;雪期日数最多达 98 天,出现在 1983 年。

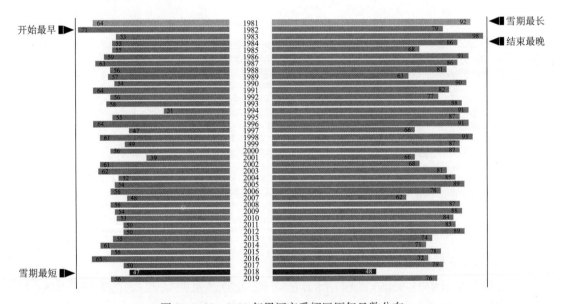

图 2　1981—2019 年黑河市爱辉区历年日数分布

结果表明,1981 年以来,黑河市爱辉区最适宜滑雪日数占比超过 80%(见图 3),且最适宜日数在雪期内占比随年代变化呈增多趋势;尤其在 2009 年后最适宜占比有较明显提高,较适宜、不适宜和最不适宜天数占比呈减少趋势;从不同综合适宜度累计日数占比来看,最适宜及较适宜日数累计占比高达 99.92%(见图 4),绝大部分时间内都适宜滑雪运动开展。

(五) 黑河各项气象指数适用性分析

人居环境气候舒适度等级的划分以月为时间尺度,有 5 个等级划分,主要

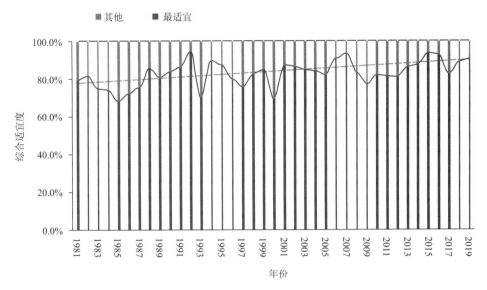

图 3　1981—2019 年黑河市爱辉区历年滑雪气候综合适宜度

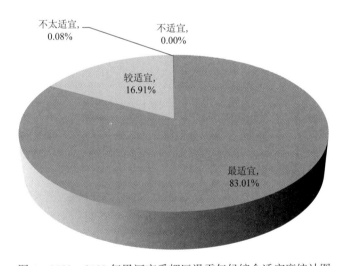

图 4　1981—2019 年黑河市爱辉区滑雪气候综合适宜度统计图

表现了人体对周边环境的感受程度，很大程度上受到气温的影响，标准基于全国平均气候条件制定。而对于黑河地区来说，除夏季以外的三个季节由于昼夜温差较大，平均气温偏低，导致气候舒适度等级偏低，旅游适宜期较短暂。实际上，9 月黑河地区进入秋季，小兴安岭层林尽染，五花山色风景秀美，此时雨量骤减，秋高气爽，对旅客们的出行和观光十分有利，早晚温度偏低也可以通过调整着装来调节，是秋季出游不错的选择；进入 10 月，黑河地区冬季到来，虽然天气寒冷，但冰雪资源丰富，雪期长，对于喜欢冰雪的旅游爱好者来说，这里的 10 月至次年 3 月却是领略冰天雪地的最佳时节。所以，从实用性来看人居环境气候舒适度等级由于对气温敏感性较强，降低了春、秋、冬季节的旅游适宜性，对于黑河地区适用性较差。

度假气候指数（HCI）确定的旅游适宜期与人居环境气候舒适度等级确定的月份有所不同。由表 2 可知，HCI 受日最高气温、日平均相对湿度、云覆盖率、日降水量和风速的影响，涉及的要素较为全面，并且以日为时间尺度，划分为 9 个等级，更加精细。通过 HCI 的表征，黑河地区全年均为可以接受的旅游出行期，总体上符合实际情况。

避暑旅游气候适宜度基于避暑旅游气候舒适度和高影响天气对避暑旅游影响程度进行评价，考虑了体感温度对人体舒适度的影响，适用性更好。夏季（6—8 月），黑河由于受暴雨、高温、大风、雷暴等高影响天气极少，人体感觉舒适，六个站点的避暑旅游气候适宜度均达到适宜或很适宜级别，非常适宜避暑旅游度假，总体上符合黑河地区的实际情况。

滑雪气候适宜度评价基于天气学原理，从气候角度设定了理论雪期概念，科学分析了雪资源气候属性，定量评价滑雪运动气候适宜度概况，构建滑雪气候适宜度指数评价模型，理论雪期概念的提出弥补了因初、终雪气象观测资料缺乏对雪资源研究等造成的困扰。每年 10 月底黑河地区就进入雪期，从不同综合适宜度累计日数占比来看，黑河市爱辉区最适宜及较适宜日数累计占比高达 99.92%，绝大部分时间都适宜滑雪运动开展，与当地实际相符。

综上所述，人居环境气候舒适度、度假气候指数、避暑旅游气候适宜度和滑雪气候适宜度四个气象指数中，人居环境气候舒适度对处于中高纬度的黑河地区适用性较差，其他三个指数评价适用性更好。

四、结论

（1）黑河全域各月平均人居环境舒适度等级均在 3 级以下；6—8 月气候舒适度处于舒适等级，适宜旅游度假；其他月份均为冷或寒冷等级，不利于旅游活动开展。

（2）黑河全域各月度假气候指数均为适宜期以上等级，其中，黑河、北安、逊克、孙吴、嫩江、五大连池 6—8 月为度假旅游的"特别适宜期"，5 月和 9 月为度假旅游的"很适宜期"；其余 7 个月为度假旅游的"适宜期"。

（3）黑河全域 6—8 月避暑旅游气候均达到适宜或很适宜级别，非常适宜避暑旅游度假。

（4）以黑河市爱辉区为例，雪期内，滑雪气候适宜度最适宜及较适宜日数累计占比高达 99.92％，绝大部分时间都适宜开展滑雪运动。

（5）四类指数计算得到的黑河地区旅游适宜期不同，人居环境气候舒适度等级由于对气温敏感性较强，标准偏高，适用性较差；度假气候指数、避暑旅游气候适宜度、滑雪气候适宜度考虑较为全面，时间尺度更加精细，适用性更好。

（6）黑河全域全年均适合开展旅游活动，气候舒适度时长为 3 个月，而且具有连贯性，极端气候条件较少，可利用黑河地区丰富的山区和森林、黑龙江和嫩江、湿地、火山、五大连池冷泉、边境城市、多元的北疆少数民族文化等优势资源，发展鄂伦春族"古伦木沓节"、达斡尔族"库木勒节"、满族"上元节""颁金节"等民族文化活动；利用特有的气候资源优势，开展夏日森林避暑、冷泉疗养，冬季冰雪旅游、举办雪地赛车和中俄文化旅游等项目，擦亮黑河市"避暑名城""寒地赛车""北疆重镇""中俄之窗""欧亚之门"的品牌。

参考文献

甘枝茂，马耀峰，2007.旅游资源与开发 ［M］.天津：南开大学出版社：55-60.

全国气象防灾减灾标准化技术委员会，2011.人居环境气候舒适度评价：GB/T 27963—2011 ［S］.北京：中国标准出版社.

全国气象防灾减灾标准化技术委员会，2019.避暑旅游气候适宜度评价方法：QX/T 500—2019 ［S］.北京：气象出版社.

王宁，马梁臣，刘琳，2020.吉林省旅游气候资源规划 ［J］.气象灾害防御，27（2）：34-39.

王秀荣，赵嵘，于涵，等，2020.理论雪期和滑雪气候适宜度评价——以长白山滑雪场为例 ［J］.应用生态学报，31（4）：1259-1266.

Tang Mantan，2013."Comparing the Tuorism climate Index" in Major Eurpean Urban Destinations ［D］. Waterloo：University of Waterloo.

基于气象大数据的生态景区天气产品研究

穆　璐　李　菁　于　金

(华风气象传媒集团有限责任公司，北京 100081)

一、 引言

近年来，旅游出行成为越来越多人关注的焦点，气象与旅游行业大数据融合越来越深入。本文通过针对景区天气服务的调研，发现旅游景区天气服务逐渐形成一整套产品体系，各省不断开展各类物候、景观等气象预报服务，例如赏花预报、雾凇、朝霞、星空预报等已成为引导用户旅游出行的风向标。

本文研究的一些景区天气产品，特别是利用社会化资源反馈数据结果，从而检验、优化、提升相关预报研究算法，提高了旅游景区天气服务的能力和预报的质量。部分赏花类服务产品已尝试应用到百度、在线旅行社（OTA）携程等各领域中，取得了一些应用反馈效果。

二、 气象大数据背景

众所周知，气象大数据量级逐年以指数方式递增，气象大数据已经在推动跨部门、行业等业务中显示出了其潜力和价值，特别是在农业生产、交通旅游、灾害防治、"一带一路"等领域上有较深的应用。

近两年，中国气象数据网在气象数据开放共享、气象大数据汇交融合、应用服务创新等方面，已成为中国气象局权威的气象大数据共享与应用服务平台，实现了云计算、大数据、人工智能等信息化技术在气象领域的应用落地情况，从而最大化地实现了气象大数据价值，深化了大数据与市场经济的融合，基础服务体系已建立。

气象大数据与植物和景观物候变化有着紧密联系。在气温、降水、湿度、光辐射等气候因子中，气温是影响植物物候时空变化的最关键的气候因子

(Schwartz et al.，2002；Gordo et al.，2010），它控制着物候发生的早晚，按照一年四季赏花观景已经成为旅游活动的重要主题和节假日的主要活动之一。气候条件是影响景观物候的重要因素，特别是历史数据的统计分析，也成为判断检验景观预报的方法之一。

三、多元化生态景区天气产品研究

(一) 观赏花期预报

植物物候期的气温敏感度的变化会对生态系统产生不可预测的影响，因而研究不同地区不同植物物候期的气温敏感度差异对全球气候变化以及生态系统服务都具有非常重要的意义（饶红欣等，2014）。

观赏植物开花预测，统称"花期预报"近年来受到公众的广泛关注，受突发天气影响，花期也是可能变化的。以樱花为例，weather map 是日本著名的气象预报机构，每年都会发布四轮关于日本樱花何时盛开的预报。经过经验累积，预报结果较为准确。产品如图 1 所示（饶红欣等，2014）。

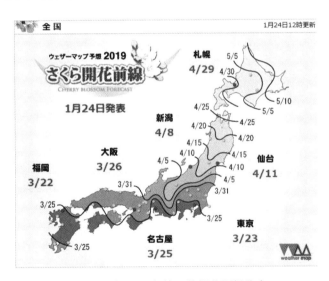

图 1　日本 2019 年第一轮樱花预报公布

中国天气网通过对气象大数据和百度搜索的舆情数据的结果，利用线性回归方程，对全国樱花进行区域划分，依据樱花开花气象建立算法模型（高新月等，2018）。

按照樱花开放的始花日、盛开日和结束日，构建了预测模型，利用樱花开花前期气温构建始花日预测模型及检验，樱花开花前期 $T1$（1—2 月）的平均最高气温，与始花日日序数呈显著相关，可通过进行线性回归分析建立花期预测模型，具体方程如下（尹志聪等，2014）：

始花日日序数（Y）与 $T1$（1—2 月）的平均最高气温（X）的回归方程为：

$$Y = -2.431X + 36.106 \tag{1}$$
$$R = 0.777 > 0.754(r0.05)$$

线性拟合结果表明：$T1$（1—2 月）的平均最高气温每升高 1 ℃，始花日日序数将减少 2.431，即开花日期提前约 2.4 d。

通过樱花模型算法，以产品的展现形式，应用到旅游景区页面中的"花期卡片"中，并同时利用社会化反馈对樱花数据进行检验，对算法进行优化。如图 2 所示。

图 2　中国天气网旅游景区天气花期卡片

（二）植被景观预报

1. 红叶观赏景区

红叶景观是我国秋季不可错过的旅游资源，根据物候学理论，前期气象条件如光、温、水等，对植物物候早晚有重要影响，因此，红叶最佳观赏期与气象条件的关系是值得深入研究的课题。

例如北京香山红叶节、内蒙古额济纳旗胡杨林等都是全国著名秋季旅游胜地，这些地方拥有黄栌、胡杨等代表的秋季变色植物。众所周知，我国南北纬跨度大、气温差异大、从最早的8月初到12月初全国都有红叶最佳观赏期，通过红叶景观最佳观赏期的预报，能够引导公众旅游方向，并提升旅游舒适度、满足公众的最大化享受美景的需求。

通过建立秋季观赏性植物（红叶）预报预测技术或模型算法。以植物变色的物候数据为基础，以过去5～10年的红叶节开闭幕时间作为秋季观赏性植物的最佳观赏期的判别因子（尹志聪等，2014），用灰色关联度的方法选取与观赏性植物变色发生密切关系的气象敏感要素，应用回归分析法建立回归方程，最终建立秋季观赏性植物的观赏预报模型。

同时建立全国红叶观赏景区地理分布区划数据库，收集公众反馈信息，进一步提升预报的准确性。专题如图3所示（全国红叶地图略）。

图3 红叶专题和红叶卡片页面截图

2. 冰雪旅游胜地

我国冰雪产业有着明显的资源优势，尤其是北方冰雪资源先天优势明显，我国72.76%的雪场都地处北方，其余27.24%的雪场在南方，而且近两年不断新建滑雪场（孙承华等，2017）。

雪的质量越来越被专业滑雪爱好者所关注，雪质的研究方法通常是把相关气象要素转化为湿球温度后，再做湿球温度的分级，通常情况下，由于计算复杂，因此多采用干湿球温度与湿度对照表。最终研究出的雪质（SQI）级别主要有5个状态：湿雪、粉雪、软雪、冰面雪和干雪，通过用户对雪场的雪质反馈，从而验证雪质的准确性，如图4所示。

图4 雪质页面反馈订正模块

3. 中国避暑/避寒旅游地

2018年起，全国各个地方先后举办了以"避暑""避寒""康养"为主题的旅游目的地评选活动，此类活动将气象和旅游进行有效融合，充分挖掘地方的优质气候资源，建设出了多元化特色旅游目的地，满足了公众新的需求。其中"寻找安徽避暑旅游目的地"开展三年以来积累了经验（吴丹娃等，2019），赢得了社会广泛关注，取得了明显的服务效益（孙承华等，2017）。如表1所示。

表1　全国6省避暑活动逐年开展情况表

省份	年份	主题	报名景区数(个)	获评景区数(个)
江西	2018	避暑	54	12
	2019	避暑	52	12
安徽	2017	避暑	45	8
	2018	避暑	23	13
	2019	避暑	43	24
河南	2019	避暑	7	5
湖南	2019	冬季避寒	21	10
	2019	夏季避暑	45	8
重庆	2019	避暑	16	13
	2019	康养		
湖北	2019	避暑	70	7

获评景区与当地气候条件密不可分，避寒旅游目的地评价的标准基本要有四个条件：一是自然生态丰富多样，有山有水；二是森林覆盖率达到50%以上；三是常年无冬日数量占冬季总日数达98%以上，且常年平均气温在25 ℃左右，冬季在20 ℃左右；四是避寒气候条件优厚，避寒禀赋优越。只有这样的景区才具备"中国避寒宜居地"的评选条件（中国气象服务协会，2020）。

避寒舒适度计算方法主要是按照风效指数评价来对避寒舒适度进行定义，风效指数算法为：

$$K = -(10\sqrt{V} + 10.45 - V)(33 - T) + 8.55S$$

式中，V 为某一评价时段的平均风速（米/秒）；T 为某一评价时段内的平均气温（℃）；S 为某一评价时段内的平均日照时数（小时/天）；K 为风效指数，取整数。

通过风效指数 K 值范围来制定避寒舒适度评价规则并分等级，最终推算出避寒适宜日指数计算方案（中国气象服务协会，2020），成为评定避寒旅游地的重要指标之一。

四、结论

（1）基于特色气候旅游景区资源的服务产品能够满足公众对于美好生活的需求，能够给用户旅游做引导和规划。气候旅游景区资源可以满足用户多元化旅游景区天气需求，通过对赏花、避暑、红叶、滑雪等四季特色天气服务算法的研究能够为旅游群体提供较为科学合理的结果。

（2）通过社会化反馈，检验算法结果，不断优化，才能将准确及时的旅游景区天气提供给 BAT、OTA 及所需市场资源。

（3）在全域旅游服务中，通过对各省旅游景区开展个性化产品服务并开展各省不同特色气候资源的评价活动，将成为天气融合景区与文化旅游产业的新方向。

参考文献

高新月，陶泽兴，王焕炯，等，2018.北京地区东京樱花花期对气候变化的分段响应 [J].气象科学，38（6）：832-837.

饶红欣，彭信海，王萍，等，2014.日本樱花花期观测与规律分析 [J].经济林研究，32（2）：133-136.

孙承华，伍斌，魏庆华，等，2017.中国滑雪产业发展报告：2017 [M].北京：社会科学文献出版社.

吴丹娃，杨彬，江春，等，2019."寻找安徽避暑旅游目的地"探索与实践 [M] //打造气象产业生态圈——中国气象服务产业发展报告 2019.北京：气象出版社：177-183.

尹志聪，袁东敏，丁德平，等，2014.香山红叶变色日气象统计预测方法研究 [J].气象，40（2）：229-233.

中国气象服务协会，2020.全国气候避寒地评价：T/CMSA 0018-2020 [S].

Gordo O，Sanz J J，2010. Impact of climate change on plant phenology in Mediterranean ecosystems [J]. Global Change Biol，16（3）：1082-1106.

Schwartz M D，CHEN Xiaoqiu，2002. Examining the onset of spring in China [J]. Climate Rea，21（2）：157-164.

精细化流域气象服务思考与实践

——以金沙江下游梯级水电站为例

陶 丽

(四川省气象服务中心，成都 610072)

一、引言

金沙江下游流域除地理条件特殊外，该流域大气环流条件也十分复杂，水汽时空分布极不均匀，不仅受高原季风的影响，还受到来自热带、副热带季风的影响。因而，该流域上、中、下游降水与气温分布各有特色。但是近年来，流域内降水分布不均、水土流失、植被退化等问题越来越严重，而金沙江不仅是长江的重要水沙输送地（宜宾水文站 48.8% 沙量都来自金沙江流域），该流域还是国家大水电开发基地之一，是亚洲主要生态屏障，其中气候调节作为决定生态环境质量主体因素无可非议，因而流域内降水、气温与产流量时空分布与变化对区域内、长江中下游地区乃至整个国家与社会的经济发展和生态系统健康都具有十分重要的作用。

二、金沙江流域气候条件

金沙江流域地处高原东侧，受地形的阻挡作用，流域正好位于可降水量最大的经向带上。研究表明，冬春季（横断山脉区北段为 10 月至次年 5 月，其余地区为 11 月至次年 4 月）主要受西风带气流影响，该气流被青藏高原分成南北两支西风急流，其中途径孟加拉湾北部的青藏高原南侧偏西风所携水汽对金沙江流域气候影响显著，气流经云贵高原常给流域带来大陆性的晴朗干燥天气；流域东北部受昆明静止锋和西南气流影响，阴湿多雨。夏秋季西风带北撤，此时海洋性西南季风和东南季风的共同作用为该流域带来大量降水，并呈现出由东南向西北递减的态势。其中，四川境内夏季降雨直接受西南低涡影响，西南低涡初生于浅薄的低层系统，在大尺度环流系统的配置作用下，易使其遭遇东移的高原涡或北部东移的低槽等不稳定系统的耦合，此时西南低涡迅速强烈发展并逐渐向东推移，给所经区域带来明显的暴雨天气，易造成洪涝、滑坡、泥石流等灾害。

三、金沙江流域电站建设情况

金沙江是我国最大的水电基地，是"西电东送"主力。全长 3479 千米的金沙江，天然落差达 5100 米，占长江干流总落差的 95%，水能资源蕴藏量达 1.124 亿千瓦，技术可开发水能资源达 8891 万千瓦，年发电量 5041 亿千瓦·时，富集程度居世界之最。

乌东德水电站、白鹤滩水电站、溪洛渡水电站和向家坝水电站四座世界级巨型梯级水电站。这四个梯级水电站分两期开发，一期工程溪洛渡和向家坝水电站已经投入运行，二期工程乌东德和白鹤滩水电站还在紧张有序地开展前期工作。

金沙江下游流域超大型水电工程项目大多分布在地形地貌较为复杂的区域，受地形影响，这些地区的局地性天气比较复杂，给工程的设计、施工带来众多难题。因而，通过研究该区域灾害的天气特点机理不仅能够丰富气象研究理论基础，还可以为相关预报预警机制提供参考。

四、开展气象服务研究必要性

金沙江下游两个梯级水电站的气象服务保障主要是由四川省气象局下属的宜宾市气象局为向家坝水电站建设提供气象服务，溪洛渡水电站由云南省昭通市气象局提供，白鹤滩水电站由四川凉山州气象局和云南昭通市气象局联合提供服务。

四川省气象局和云南省气象局从 2011 年开始，为白鹤滩水电站建设提供气象服务，先后建成了 9 台气象观测站，其中 1 台为永久观测站，建设运行昭通市多普勒天气雷达和卫星云图接收站等，另一方面，四川省凉山州气象局和云南省昭通市气象局派驻 4 名专业气象人员，在现场开展气象服务，包括天气预报、气候预测、气象观测仪器的维护检修等，为白鹤滩水电站的气象观测和跨省气象服务奠定了坚实的基础。

从目前的气象服务分析，由于仅有市州一级气象部门开展服务，在新技术、新产品开发方面都有所欠缺。一方面短期预报的准确度还需要进一步提升，另一方面现有的服务不能满足提供逐小时更新的临近预报预警，以及中长期（未来一个月）精细化预测。监测预报预警服务集约化程度不好，新技术应用能力不强，科研支撑作用非常不足。因此，联合开展金沙江下游梯级水电气象服务非常必要，也是必然的趋势。通过对金沙江下游梯级水电站调研，主要有三方面需求。

（一）开展施工区灾害性天气预报及预警

白鹤滩水电站的现场气象服务应特别关注混凝土浇筑开仓时间内的天气变化，做好暴雨、雷电、大风等灾害性天气的预报预警非常有必要，目前流域内短期预报的准确度还需要提高，且现有的服务不能满足提供逐小时更新的临近预报预警，以及中长期（未来 1 个月）精细化预测。以白鹤滩统计数据为例，年平均 7 级及以上大风日数为 237 天，其中 7 级日数 73.0 天，8 级日数 80.0 天，9 级日数 58.3 天，10 级日数 21.8 天，11 级日数 3.5 天。大坝施工过程中受河谷大风影响较大，超过 7 级的风会影响缆索式起重机的运行以及混凝土浇筑过程的取料和供料，大风气候也会对混凝土施工安全、质量、进度造成严重的影响，为保证工程建设的顺利进行，明确坝址施工区域的风场特性分布规律显得十分必要和迫切，同时，探测陡峭地形区和复杂下垫面区边界层气象要素分布和垂直温湿廓线，基于观测资料改进模式物理参数化方案，提高金沙江下游梯级水电站施工期天气的预报预警的精度和预见期，做到提前预防、重点监控、应急处置，确保安全生产。

（二）流域面雨量预报技术研发

金沙江下游在建和待建梯级水电枢纽的发电能力相当于两个三峡工程，投入运行后对降水预报有极高要求；金沙江来水量占三峡入库流量的 30% 左右，金沙江流域降水对三峡入库流量预报影响重大。目前流域降水预报技术还主要采用数值预报产品的简单解释应用技术，降水量的定时、定点、定量预报的精度有待提高。针对金沙江流域下游梯级水电站，加强格点化降水预报技术和站点格点一体化处理技术研发，完善精细化预报产品体系，建立金沙江格点化定量降水预报及检验系统。在时间和空间上无缝隙、开展精准定量降水量预报业务。

（三）水文气象信息集约化的需求

金沙江流域水电梯级开发及水电安全运行等需要全方位、多尺度、精细化的气象保障服务，应对水资源和气候变化需要提供强大的气象科技支撑，需要整合金沙江流域相关省市气象服务技术资源，研究金沙江流域气象预报关键技术以及规划设计新一代金沙江下游梯级水电站气象服务系统，实现流域的整体调度。

参考文献

樊启祥，汪志林，吴关叶，2018.金沙江白鹤滩水电站工程建设的重大作用 [J].水力发电，44（6）：1-12.

许向宁，黄润秋，2004.金沙江水电工程区（宜宾—白鹤滩段）岸坡变形破坏特征及其与赋存环境的相关性 [J].地球科学进展，6（19增刊）：211-216.

张成稳，曾厅余，宗德孝，等，2012.白鹤滩水电站建设期气象保障服务思考 [J].云南大学学报（自然科学版），34（S2）：381-385.

可视化视角下气象服务方式的多维探索

张玉成　　李路阳

（牡丹江市气象局，牡丹江 157000）

当今社会正处在一个信息爆炸的时代，纷至沓来的大数据信息，让人们眼花缭乱，无所适从。在茫茫的数据信息面前，人们常常显得不知所措一时难以抓住隐藏之中的本质、结构和规律。所以，如何能够从海量多样的数据信息中快速直观的挖掘最直接的影响因素，成为人们急需解决的难题。此时，可视化技术应运而生，打开了人口、资源、土地、环境、灾害、规划、建设等领域可视化显示的大门。

一、可视化的发展现状及趋势

（一）可视化概念的提出

心理学研究表明，人眼在观看物体时，通过视网膜成像后，经由视神经传入人脑，从而能够感觉到物体的影像。但当物体在眼前消失时，人脑对物体的影像不会马上消失，而要延续 0.1～0.4 秒的时间，这种现象即为"视觉后像"。因此，可视化以其直观、形象，容易让人记忆的优势应运而生。许莉（2008）认为，可视化的基本含义是将科学计算中产生的大量非直观的、抽象的或者不可见的数据借助计算机图形学和图像处理等技术用几何图形和色彩、纹理、透明度、对比度及动画技术等手段以图形图像信息的形式直观、形象地表达出来并进行交互处理。可视化涉及计算机图形学、图像处理、计算机视觉、计算机辅助设计等多个领域，成为研究数据表示、数据处理、决策分析等一系列问题的综合技术。

（二）可视化发展的历史追溯

简单意义上的可视化，史前时代就已经出现，古巴比伦人、埃及人、希腊人和中国人都开发出了以图形方式表达信息的方法，如将观察到的自然现象雕刻在石头上，表示星空的变化、山川河流位置、野兽出没地点等。但这不是真正意义的可视化，可视化的相关理念和技术的提出，只有上百年的历史。国外，文艺复兴时期（14—17 世纪），"笛卡尔"坐标系的产生、费马和帕斯卡概率论的出现，打开了可视化技术发展的大门。苏格兰工程师 William Playfair，创造了今天我们习以为常的几种基本可视化图形：折线图、条图、饼图（鲁芮，2020）。我国的可视化发展处于刚刚起步阶段，常用饼状图、柱状图、表格等形式来展现信息数据，与国外 Microsoft、IBM、SAS 等知名企业在可视化方面的应用还有很大差距。

（三）可视化技术的工具及应用领域

目前使用的可视化工具大多为国外的可视化编辑工具，尤其以 Microsoft、IBM、SAS 等知名企业在数据可视化方面成就显著，开发出了许多成熟稳定的可视化产品或工具。除了著名的 OPENGL 和 DirectX，还有 SASR Visual BI、美国 Skyline 系列软件、Gephi 的社会图谱数据可视化分析工具。此外还有很多其他优秀的 BI 分析工具，如 Tableau、Style intelligence、BO、BIEE 等，在可视化技术方面具有良好的可视化效果。而国内的 ETHINK 数据智能分析平台提供几百种丰富图形和 100 类可视化交互组件，并支持深度的灵活二次开发。可视化的应用领域主要有地理信息系统的可视化、医学影像数据可视化、商业产品的设计可视化、计算机软件的可视化、数据信息的可视化等（沈王磊，2016）。

二、可视化在气象服务中应用实践

（一）可视化在气象领域的应用

如果单从可视化的简单定义，即大量非直观的、抽象的或者不可见的数据借助计算机图形学和图像处理等技术产生形式直观、形象的产品来讲，气象可视化的发展较早。1854 年，因克里米亚战争而绘制的世界上第一张天气图的诞生，标志着气象可视化开始走上历史舞台。自此，可视化在气象工作中的诸多方面得到运用，从气象数据的采集、气象数据的显示、气象预报的制作、气象服务产品的发布等都离不开可视化技术的应用。美国 AccuWeather 公司基于三星 Gear VR 推出了 360 度沉浸式天气预报服务，可以体验实时、动态的天气状况，包括暴风雨、雪和云的动画，使突发天气新闻的报道更加精准快速，帮助观众理解各种天气现象及其对生活的影响。在国内，可视化技术在气象领域的应用可分为气象业务应用领域和气象服务应用领域两个环节。目前，气象业务应用领域可视化技术应用发展较好，一般在气象部门可视化平台显示、气象新媒体应用、气象影视技术应用等方面都有所体现。可视化技术在气象服务对外应用领域才刚刚起步，气象服务产品的制方面，可视化、交互化、动态化的应用还不深入。

（二）牡丹江可视化技术在气象服务中的实践

随着气象数据丰富，可视化技术的不断发展，牡丹江市气象部门近年来一直致力于提高气象数据的"加工能力"，努力实现气象数据的"增值"。一是在气候服务产品可视化方面，将传统的历史气象数据的展示从朴素的柱状图、饼状图、折线图，扩展到地图、气泡图、树图、仪表盘等各式图形，形成直观、形象的产品呈现给专业用户，主要运用的技术包括平面设计可视化、excel 图表可视化、Python 程序语言可视化等技术。二是在气象预报预警产品制作方面，在制作各类气象服务产品中，充分运用 CIMISS 决策服务支撑系统、省气象局HIMOS 系统、地理信息系统（GIS），通过绘制色斑图、柱状图、气泡图等展示气象实况信息及气象预测信息，并运用二维和三维实现动态可视化，提高气象服务产品的可读性。三是在气象服务产品的发布方面，运用 Tableau、Excel、D3. js、iCharts、Highcharts 以及 Python 程序等工具，制作传统气象要素温、压、湿、风、降水等数据的可视化动态展示图，并通过微信、微博、抖音、H5 等形式对外传播（见图 1）。

图 1　牡丹江三维可视化天气过程服务图

（三）可视化技术在气象服务中的应用障碍

可视化的实施步骤主要有四项：需求分析，建设数据仓库/数据集市模型，数据抽取、清洗、转换、加载（ETL），建立可视化分析场景等过程。可视化在气象服务中的应用要经历一个更加复杂的过程，包括数据源、多部门数据的融合、数据的需求分析以及清洗建模，并通过图形图像技术，在物联网、互联网、手机、平板电脑、PC 等终端展现（见图 2）。

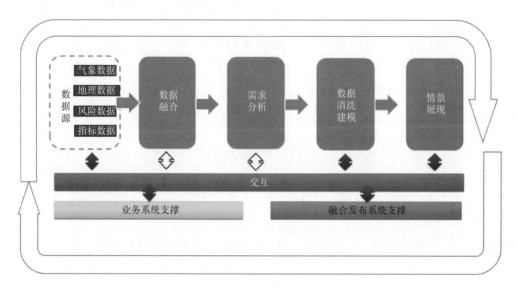

图 2　气象服务可视化过程示意图

　　虽然，可视化技术的发展在 2008 年之后呈现井喷式的态势，但在各个领域都存在不同的发展障碍，在气象领域，可视化的应用的障碍和短板更加明显。如：气象观测设施老化，气象数据的连续性、可用性、精密度达不到可视化要求；可视化应用的基础是数据，但气象部门融合其他部门数据的渠道不畅，数据的覆盖面不够；此外，气象业务人员在理念观念上的封闭、内生动力的不足以及对其他行业气象服务的需求掌握不清的问题，都为可视化的应用落地带来了层层困难。

三、可视化技术在气象服务中的多维畅想

　　将可视化技术应用于气象服务，不是为了可视化而可视化，而是为了解决实际工作中存在的问题，增强气象服务提示性、可理解性和丰富性。可视化在气象服务中运用的总体思路和目标是气象服务实现可视化、多维度展示，最终实现气象数据可视化嵌入到各个服务领域（见图 3）。

（一）基于影响预报预警的可视化畅想

　　基于影响预报的可视化畅想主要针对政府及有关决策部门提供可视化的决

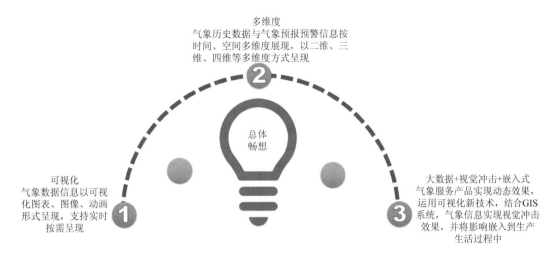

图3 可视化在气象领域运用的总体畅想图

策气象服务产品而言。中国气象局气象服务体制改革提出积极探索和实践"基于影响的预报预警",实现从气象预警向气象风险预警的转变。在可视化领域方面,基于影响预报的实现前提是深入了解各行各业风险,基础是结合气象要素进行深入分析,关键是建立气象影响模型,创新点是运用二维和三维地理信息技术,展示各行业气象因素的致灾风险。可视化服务方式是在灾害性天气来临前,为政府决策及有关部门同时提供多维度的影响预测,如:提供气象灾害预案预警的可视化产品、基于历史典型案例的应急事件灾害演变的可视化产品、针对有关行业部门隐患风险点发生概率的气象风险可视化;在灾害发生时,为领导决策提供气象灾害承灾体与灾害发生地实景的现场可视化产品;在灾害发生后为领导决策提供气象灾害应急调度、气象灾害防御薄弱环节、气象灾害风险评估的可视化产品。在可视化技术方法的选择上,利用二维和三维结合技术,适当选用虚拟现实技术,气象信息按时间和空间两个维度进行呈现,让气象灾害的时空发生概率清晰可见,让决策者有数可依、更加高效。

(二)气象数据的全景可视化展现畅想

气象数据的全景可视化展现畅想主要针对基于公众气象服务产品而言。各地公众气象服务的方式方法林林总总,但是,传播渠道离不开广播、电视、报纸以及新兴媒体。随着新兴媒体的蓬勃发展,公众气象服务的可视化展示也迎来了难得的机遇。在公共气象服务领域,可视化的气象服务产品的主要展现方式有动态数据展示和动态视频展示。动态数据展示是运用数据可视化工具,通过表格、曲线图、分布图、语音、示意图、示意动画等多方面全方位的展现历史气象数据信息；动态视频展示是将视频可视化技术与气象预测技术结合，将天气预报预警可视化信息，搭载在道路、桥梁、村庄、高楼等实景承载体或虚拟承载体上，实现风雨雷电天气的实景模拟。在新媒体中还可以利用 VR（虚拟现实）、MR（混合现实）技术等让公众用户体验温、压、湿、风、云等要素的实时变化，将枯燥乏味的气象数据通过可视化手段进行加工再现，变成易于理解、接受，重点突出，对比方便，简单易懂，喜闻乐见的气象服务产品。在公众气象服务产品的发布上，可以选择微博、抖音、电视等最适合的媒体形式进行发布。可视化的气象服务产品涵盖了视觉、听觉、触觉等人们能够接收到信息的所有感官，从而可以实现气象防灾减灾服务对受众的全面覆盖和气象服务信息的最佳传播效果。

（三）嵌入行业全链条生产过程的可视化畅想

嵌入行业全链条生产过程的可视化畅想主要针对基于专业气象服务产品而言。气象大数据的"活水"一旦引入农业、交通、能源、零售、保险、电力等行业，就可能创造出巨大价值，甚至以一种意想不到的方式为整个行业带来重大变革。嵌入行业全链条可视化构想将温（温度）、压（气压）、湿（湿度）、风（风向风速）这几个基本要素嵌入具体行业的具体生产过程中，并实现看得见、摸得着的可见效果。主要方式是运用网格预报产品，筛选风速、风向、辐照度、云量、降雨、冰雹、大雾等对各个行业有深刻影响的气象因子，以数字化、图像化、动态化的图片、图表以及文字信息形式展示气象要素对专业用户生产过程的影响。如：通过三维 GIS 系统可以对气象信息进行定点、区域、属性和综合查询，在地理位置上展示统计分析结果，模拟展示某区域内降雨降雪等天气情况，以及天气状态的演变过程，构建气象与行业生产的相关性分析模型，使气象灾害风险可见。以电力系统为例，运用网格预报产品通过气象 AI 提供输电走廊沿线精细化电力气象灾害预报预警服务，实现杆塔级的气象预报预警。诸如此类，同样可以研究大气环境精细化模拟仿真的产品在交通、旅游、健康等气象服务领域的应用技术，针对用户多样化需求，定制研发气象服务产品。

（四）气象信息融入 5G 运营商的可视化畅想

气象信息融入 5G 运营商的可视化畅想主要是针对基于科技气象服务产品而言。气象科技服务是以气象信息为主的信息服务，可视化的气象服务归根结底是气象数据和气象信息的可视化。多年来，气象科技服务在防雷技术服务、声讯答询自动服务、手机短信服务方面，取得了较好的效益。但是，随着改革的深入，传统的科技服务产业份额逐年减少。5G 时代的来临，智能可视化无疑成为气象科技服务的新风向，主要应该强化与三大运营商的合作共享，在研究气象大数据分析技术、构建气象知识图谱的基础上，运用人工智能技术，开发建设智能机器人，实现实时的历史以及未来气象数据交互问答的语音可视化。可以加强与社交软件合作，运用 VR 技术，进行天气现象的模拟、天气系统的模拟，让用户感知风雨雷电的模拟效果。在融合共享共建中，提升气象服务影响预报以及按需产品生成能力，提生气象服务产品智能情景化、个性化、嵌入式（王浩宇，2019）的气象服务能力。

可视化在气象服务中的潜力是巨大的，但只有和实用的业务需求相结合才能焕发出更加持久的生命力，也只有具备更强大的时空分辨率和更精细的地理信息数据结合，可视化才能真正在气象服务中发挥作用，否则可视化的气象服务就会因其炫酷的视觉效果沦为"花架子"，其实用性将会不断遭受质疑。

参考文献

鲁芮，2020.新时期对于信息可视化技术及应用的相关研究 [J].科学技术创新（11）：85-86.
沈王磊，2016.可视化的应用领域报告 [R].
王浩宇，2019."消费升级"下的气象服务新思路 [J].吉林农业（4）：49-50.
许莉，2008.可视化技术的发展及应用 [J].中国教育技术装备（4）：134-135.

展望篇

海洋遥感大数据云平台建设与应用服务展望

王宇翔[①]

（航天宏图信息技术股份有限公司，北京 100195）

运用大数据推动经济发展、完善社会治理、提升政府服务和监管能力正在全球成为趋势，有关发达国家相继制定实施大数据战略性文件，大力推动大数据发展和应用。数据已成为国家基础性战略资源，我国各级政府非常重视大数据的科研和产业发展。2015 年 8 月，国务院印发了《促进大数据发展行动纲要》，明确提出将全面推进我国大数据发展和应用，加快建设数据强国。2016 年 3 月 17 日，《第十三个五年规划纲要》中提出：要把大数据作为基础性战略资源，全面实施促进大数据发展行动，加快推动数据资源共享开放和开发应用，助力产业转型升级和社会治理创新。2016 年 10 月建立全国一体化的国家大数据中心。2017 年 10 月实施国家大数据战略，加快建设数字中国。2019 年 10 月加快区块链和人工智能、大数据等前沿信息技术的深度融合。

一、海洋遥感大数据的特性及应用现状

海洋遥感大数据主要具有以下六个方面的基本特征：

（1）海量性：各类海洋观测计划覆盖全球几乎所有大洋，进行着各类周期性、实时性的数据采集，目前其总体量已达到 EB 级；

（2）高维性：海洋数据涉及物理海洋、海洋遥感、海洋化学、海洋生态、海洋生物等方面，数据维度及变量极多；

（3）动态性：海洋数据具有明显的快速数据流转及动态的体系特征，各类观测网及设备不断对时刻变化的海洋系统进行探测，近实时性要求也越来越高；

（4）时空相关性：绝大部分区域相近的空间位置及时间点都具有相同或相

---

① 王宇翔，男，博士，航天宏图信息技术股份有限公司创始人、董事长。

近的物理属性；

（5）多尺度性：时间上的多尺度从秒、分、时、日、季节内变化、季节变化、年际变化，空间上多尺度涉及湍流尺度、中尺度、海盆尺度、行星尺度；

（6）异构性：由于海洋大数据的多源采集及应用目的不同，海洋大数据存在明显的异构性，一方面表现为系统异构；另一方面表现为模式异构，数据的逻辑结构或组织方式不同，如各种不同格式的海洋数据。

目前海洋遥感大数据应用落地面临的主要问题有以下四个方面：

一是在海洋数据标准方面，由于观测设备及应用的不同，以致数据难以得到统一管理与应用，因此，如何打破壁垒，建立统一数据标准，以一种集成共享的模式分发空间数据协同完成传统数据的处理，是一个主要问题；

二是在海洋大数据共享方面，由于领域的独立性及数据的安全性，导致海洋数据往往产生众多信息孤岛，无法充分发挥数据价值，如何解决数据共享难题，避免信息系统的重复建设及资源的浪费，是一个主要问题；

三是在海洋大数据分析方面，由于数据口径的不同，对于一体化的数据从融合、挖掘、可视化等技术存在兼容性较差的问题，如何将各学科融会贯通突破关键通用分析技术，实现海洋数据一体化的分析，是一个主要问题；

四是在海洋大数据应用方面，鉴于大数据全链条中前段问题的存在，导致海洋大数据应用落地的困难，如何实现海洋大数据的一体化产业化应用是一个新的问题。

二、海洋遥感大数据云平台建设思路

PIE-Cloud 是航天宏图信息技术股份有限公司打造的拥有自主知识产权的海洋遥感大数据云服务平台，这一平台打通了原始遥感数据到终端遥感应用的链条，致力于为多个行业多个领域提供便捷的云服务，让遥感数据通过云服务实现"随处可见，随时可用"。云平台分为基础设施层 IaaS 层、平台即服务 PaaS 层和软件即服务 SaaS 层三部分。其中 PIE-Stack 提供云计算平台基础架构服务（IaaS），具备存储资源管理、计算资源管理、网络资源管理、用户管理、系统安全管理功能，支持私有云平台的动态部署、弹性计算、按需调配和灵活扩展。构建大数据云平台提供基础保障。PaaS 主要包括云计算、云存储，等等。SaaS 层面向各行各业的具体应用，如海洋、减灾、气象等方案的定制。

海洋遥感大数据云平台围绕海洋大数据资源进行构建，核心是 3 个中心和

1个池。也就是海洋大数据汇集管控中心、海洋大数据处理中心、海洋大数据智能应用中心、存储与服务系统和基础设施资源池（如图1所示）。主要实现海洋多源异构数据的存储服务、产品加工挖掘分析以及智慧应用服务，为沿海省份、南海、"一带一路"建设提供业务化服务能力。

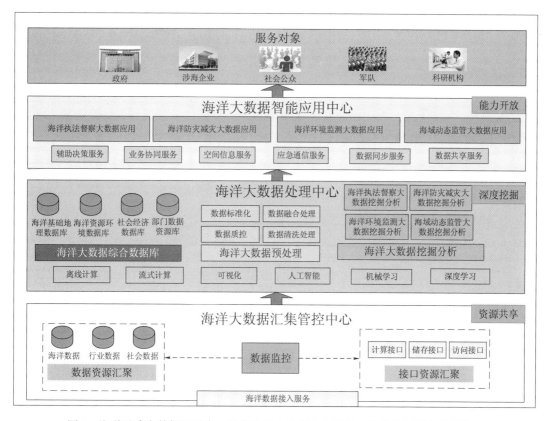

图1　海洋遥感大数据云平台，强化海洋大数据汇集管控、处理和智能应用等能力

"适配性强、性能卓越、应用广泛"是海洋遥感大数据云平台必须具备的三个特点。适配性强是指云平台支持华为、阿里、开源等国内主流云平台，支持专有云、公有云、混合云的部署，支持已有基于不同厂商的现有数据库接入。性能卓越是指云平台能实现10万站点秒级查询，支持十万量级并发访问，几十万动态目标可视化渲染。应用广泛是指云平台能支持海洋、气象、北斗、农业多行业适用，15PB＋存储，100＋服务器。建立全局统一的算法库和加工流水线，具备对海洋遥感算法集成和统一调度运行能力。在智能应用方面，具备4大能力：（1）按照数据按需交换、基于全网逻辑视图的智能路由传输；（2）按照异构存储适配存储；（3）按需选择计算框架适配；（4）按照智能算法集成和

机器学习算法进行智能分析。

基于基础设施云平台的计算资源和海洋遥感大数据云平台的数据资源，建立集模型编排、数据预处理、智能算法集成、挖掘计算引擎、模型评估发布功能于一体的大数据挖掘应用支撑系统，提供海洋特色的挖掘分析软件和工具，支持海洋遥感大数据挖掘分析建模和运行。采用分布式、微服务等技术架构进行开发，基于统一的监控信息汇聚接口，以代理和远程等方式，进行运维数据统一接入，并进行实时缓存、转发、处理分析、存储管理等操作，实现统一管理、监控、调度、分析和运维等功能。提供微服务化知识服务，方便根据创新业务场景的二次开发。多模态、跨领域数据高效融合，在全链条中前段数据治理不佳的前提下，降低后端数据处理难度（如图 2 所示）。

图 2　海洋遥感大数据云平台计算资源和的数据资源运行架构，
实现监视、接口、存储、处理和服务一体化

海洋遥感大数据促进了遥感技术与 IT 技术进一步融合，将海洋遥感数据处理技术与云计算、人工智能、大数据、知识图谱等 IT 技术相融合，为用户提供遥感存、算、管、用一站式服务，充分发挥高效能、低门槛、低成本、易获取等优势，挖掘海量遥感数据价值、助力遥感应用产业化发展。航天宏图的海洋遥感大数据加快海洋大数据和云计算融合发展，基于云原生遥感服务框架 PIE-Cloud NativeSphere 提供四类服务：数据处理云服务、遥感计算云服务、智能解译云服务、数据发布云服务（如图 3 所示）。

图 3　云原生遥感服务框架（PIE-Cloud NativeSphere），提供遥感存、算、管、用一站式服务

海洋遥感大数据强化了遥感计算云服务能力。遥感计算云服务 PIE-Cloud Engine，是一个集实时分布式计算、交互式分析和数据可视化为一体的在线遥感云计算开放平台，主要面向遥感科研工作人员、教育工作者、工程技术人员以及相关行业用户。它基于云计算技术，汇集遥感数据资源和大规模算力资源，通过在线的按需实时计算方式，大幅降低遥感科研人员和遥感工程人员的时间成本和资源成本。用户仅需要通过基础的编程就能完成从遥感数据准备到分布式计算的全过程，这使广大遥感技术人员更加专注于遥感理论模型和应用方法的研究，在更短的时间产生更大的科研价值和工程价值。PIE-Engine 以在线编程为主要使用模式，提供了完善的在线开发环境，包括资源搜索模块、代码存储模块、代码编辑模块、运行交互模块、地图展示模块等。该服务的提供将弥补国内长期缺失 Google Earth Engine 竞品的局面，快速聚拢遥感行业用户资源，加速推动中国遥感应用生态圈的快速形成和发展。PIE-Cloud Engine 采用知识图谱技术，有效融合多源异构数据，有效降低用户使用的技术门槛。

智能解译云服务 PIE-Cloud AI，可提供样本标注、样本管理、模型构建、训练部署、智能解译、成果发布全流程一体化服务，极大地提高遥感图像的智能化分析水平，加速了从数据到信息再到知识的转化。通过样本标注、管理、模型构建、训练、智能解译等，可以为海洋牧场网箱、围填海、舰船识别、海洋中尺度涡监测识别等提供服务。基于数据中台云服务 PIE-Cloud Server，具备多源海量海洋卫星数据、产品、基础地理信息数据、公众数据、行业业务数据的统筹管理与发布能力，提供对多源异构数据的编目、更新、存储、检索与分发。

三、海洋遥感大数据云平台应用

在海洋遥大数据应用方面，海洋环境信息服务系统为用户提供海洋信息化全流程服务，包括海洋卫星遥感、海洋观测、海洋数值预报等多源数据收集解析、质量控制、标准数据集制作、融合分析、统计分析等。基于海洋遥感、浮标、气象大数据的海洋环境监测观测公共服务平台主要面向政府、公众、涉海企事业等提供海洋生态修复与预警服务，包括海洋功能区划与生态修复、海洋环境监测和海洋赤潮预警等。统一数据管理、建立共享机制和策略，基于人工智能分析和大数据挖掘探索现代化治理新模式（如图 4 所示）。

图 4　基于人工智能分析和大数据挖掘的海洋治理新模式

海上风电规划信息服务系统基于海洋卫星遥感、海洋观测、海洋数值计算、海底管线、海洋生态保护等多源数据融合分析、辅助决策和综合可视化等，为用户提供海上风资源开发规划解决方案（如图 5 所示）。

在海洋防灾减灾服务方面深度结合遥感数据、地形地貌数据、海洋数值预报数据、气象数据、历史资料数据进行融合应用，对台风灾害、风暴潮灾害等

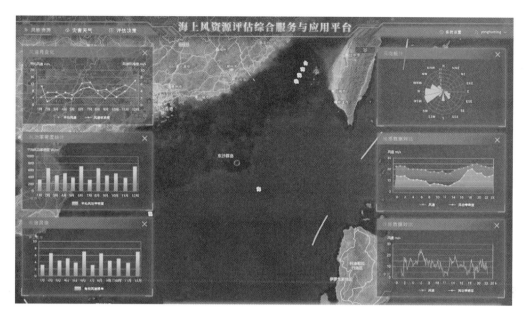

图 5　海上风资源开发规划解决方案

的风险进行评估，为风险排查与预防提供信息支持，进行灾前预警。灾害发生后，提供对灾害发生和发展的监测，以及灾损评估、灾后重建评估等方面的服务和支撑。

四、未来展望

　　未来，海洋遥感大数据云平台将进一步加强通导遥一体化服务：基于天基、空基等遥感信息、导航卫星定位信息、通信卫星、5G 高速通信网络传输等全天时、全天候、实时的获取、快速处理遥感和视频数据，并将服务信息和高精度实时导航定位及时、安全、可靠、高速的传输推送给用户的手机和各类移动终端。主要实现 6 个发展目标：

　　——提高数据获取、处理和服务时效性；

　　——健全数据隐私和安全；

　　——增强多源数据关联挖掘和知识服务；

　　——改善服务针对性和有效性；

　　——共享与众创；

　　——走进生活，走向世界。

林业碳汇开发与应用

王 挺

（中国节能协会，北京 100029）

我国实施积极应对气候变化国家战略，多年来，采取了调整产业结构，优化能源结构，节能提高能效，推进市场机制建设，积极增加森林碳汇等一系列政策措施，取得了积极成效，我们成功将我国温室气体自愿减排交易机制（CCER）申请成为国际民航组织认定的六种合格的碳减排机制之一。下一步，我们将推动我国温室气体自愿减排交易机制发展成为全国碳市场的抵消机制，林业碳汇是中国温室气体自愿减排交易机制（CCER）的重要组成部分。本文介绍一下林业碳汇开发背景和开发流程。

一、开发背景及意义

林业碳汇发展的时代背景是全球气候变暖。工业革命以来，一方面由于工业生产过程中直接向大气排放二氧化碳、氧化亚氮和甲烷等气体，另一方面由于森林大面积砍伐使得吸收二氧化碳的植物大为减少，大气中温室气体浓度增加，导致全球气候变暖。研究表明，近 10 年来，人为活动排放的二氧化碳 91％来自工业活动，9％来自毁林；其去向是：44％滞留在大气中，29％被森林吸收，26％被海洋吸收。

由世界气象组织和联合国环境规划署成立的政府间气候变化专门委员会进行的一系列评估结论显示：2003—2012 年，全球地表平均温度上升了 0.78 ℃，最近的 3 个 10 年要比自 1850 年以来的所有 10 年都暖；1951—2010 年全球平均地表温度升高，一半以上是由人为活动导致温室气体浓度增加和其他人为强迫所造成。气候变化影响着社会经济、全球政治，最重要的是影响着人类的生存，它已经成为当今人类社会面临的巨大难题和重大挑战。

林业碳汇对缓冲节能减排对工矿企业造成的冲击、争取企业转型升级时间进而支撑工业发展空间具有战略意义，是应对气候变化的首选战略。与近代工业化生产活动排出二氧化碳相反，森林植物的生长过程正需要吸收二氧化碳。作为陆地上最大的"储碳库"和最经济的"吸碳器"，森林是维持大气中碳平衡的重要杠杆，是大自然的平衡法则。林木生长 1 米³，平均吸收 1.83 吨二氧化碳，放出 1.62 吨氧气。一般而言，树越多、树越大，固碳量也越大、固碳越具有"永久性"。2015 年底在法国召开的全球气候变化大会上，192 个缔约国达成了具有法律约束力的《巴黎协定》，森林及相关内容作为单独条款纳入了《巴黎协定》，表明森林吸收二氧化碳、放出氧气、在应对气候变化中的特殊地位得到空前广泛的认同。

林业具有生态效益，其价值相当于木材收益的 9 倍甚至更高。但长久以来，人们很少为林业的生态效益付费。虽然很多国家尝试引入各种形式的生态补偿机制，但效果都不是很理想。归根结底在于林业生态价值没有以市场的方式实现货币化。林业碳汇是人类社会通过市场方式"买单"的第一款林业生态产品——它按照规定标准生产，在特定市场依照流程销售，生产者获益了，结算后可以再继续组织生产，这是一个生态价值市场化的过程，也昭示着林业生态产品开发时代的到来。

林业碳汇作为中国核证温室气体自愿减排（CCER）项目纳入了国家碳排放权交易体系，已成为全国碳交易试点普遍接受的碳抵消项目类型，也将是全国统一碳排放权交易市场交易标的之一，是国家积极鼓励和重点支持的项目类型。专家预计，未来中国碳市场的交易量将在 30 亿～40 亿吨/年，现货交易额最高有望达到 4000 亿元/年。全国碳排放权交易市场一旦启动，将为林业碳汇交易带来重大机遇，将会有更多的业主开发林业碳汇项目，促进林业生态产品的市场化，这样一来，通过市场这只无形的"手"，让森林的固碳能力变得"有市有价"。

二、林业碳汇基本内涵

碳汇是指森林通过光合作用，吸收二氧化碳，放出氧气，把大气中的二氧化碳转化为碳水化合物固定下来的过程。林业碳汇的涵义：林业碳汇是指利用森林的储碳功能，通过造林、再造林和森林管理，减少毁林等活动，吸收和固定大气中的二氧化碳，并按照相关规则与碳汇交易相结合的过程、活动机制。

在我国可进行碳汇交易的机制主要指中国碳排放权交易机制，交易产品主要包括两类，即碳配额和碳减排量，碳配额由各试点当地发展和改革委员会（简称"发改委"）签发，碳减排量绝大部分来自国家发改委签发的中国核证自愿减排量（CCER）。通过开发林业碳汇CCER项目，获得国家发改委签发的经核证的减排量，就可以进行交易。因此，狭义的林业碳汇，也指林业碳汇CCER项目。总而言之，林业碳汇的产品是获得国家发改委签发的林业碳汇CCER项目的核证减排量，可以通过中国七大碳交易试点交易所进行自由买卖。

森林碳汇是指森林植物吸收大气中的二氧化碳并将其固定在植被或土壤中，从而减少该气体在大气中的浓度。林业碳汇侧重社会特性，强调人的参与和市场交易。森林碳汇侧重森林吸收碳的物理特性，属于自然科学范畴。两者并无显著区别，只是森林碳汇更多论及物理特性。

三、 CCER 林业碳汇项目开发与交易流程

根据国际国内有关规则和项目实践，林业碳汇交易项目开发与交易需要按一定的程序进行。本文将以当前在国内碳市场可以交易且林业部门最为关注的CCER林业碳汇交易项目为例进行说明。根据国内外的通行做法和有关政策规定，本文将CCER林业碳汇项目开发流程归纳为7个步骤：分别是项目设计、项目审定、项目备案、项目实施、项目监测、减排量核证及其备案签发（见图1）。

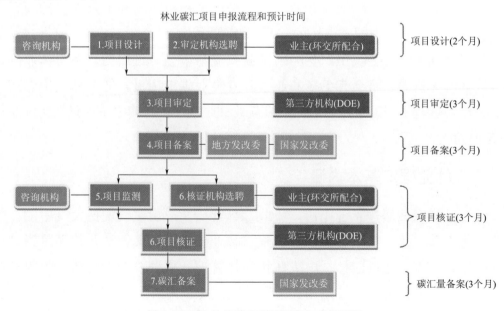

图1　CCER林业碳汇项目开发与交易流程

（一）CCER 林业碳汇项目开发流程

根据图 1 开发流程和碳汇项目开发实践经验，将各步骤所做的重要工作总结介绍如下。

第一步：项目设计。

由技术支持机构（咨询机构），按照国家有关规定，开展基准线识别、造林作业设计调查和编制造林作业设计（造林类项目），或森林经营方案（森林经营类项目），并报地方林业主管部门审批，获取批复。

请地方环保部门出具环保证明文件（免环评证明）。

按照国家《温室气体自愿减排交易管理暂行办法》（发改气候〔2012〕1668号）、《温室气体自愿减排项目审定与核证指南》（发改气候〔2012〕2862号）和林业碳汇项目方法学的相关要求，由项目业主或技术支持机构开展调研和开发工作，识别项目的基准线，论证额外性，预估减排量，编制减排量计算表、编写项目设计文件（PDD）并准备项目审定和申报备案所有必需的一整套证明材料和支持性文件。

第二步：项目审定。

由项目业主或咨询机构，委托国家发展和改革委员会批准备案的审定机构，依据《温室气体自愿减排交易管理暂行办法》《温室气体自愿减排项目审定与核证指南》和选用的林业碳汇项目方法学，按照规定的程序和要求开展独立审定。项目审定程序又细分为 7 个环节，详见《温室气体自愿减排项目审定与核证指南》。由项目业主或技术咨询机构，跟踪项目审定工作，并及时反馈审定机构就项目提出的问题和澄清项，修改、完善项目设计文件。审定合格的项目，审定机构出具正面的审定报告。

目前，具有资质的审核 CCER 林业碳汇项目的审核机构有 6 家：中环联合（北京）认证中心有限公司（CEC）、中国质量认证中心（CQC）、广州赛宝认证中心服务有限公司（CEPREI）、北京中创碳投科技有限公司、中国林业科学研究院林业科技信息研究所（RIFPI）、中国农业科学院（CAAS）。

第三步：项目备案。

项目经审定后，向国家发展和改革委员会申请项目备案。项目业主企业（央企除外）需经过省级发改委初审后转报国家发展和改革委员会，同时需要省级林业主管部门出具项目真实性的证明，主要证明土地合格性及项目活动的真实性。

国家发展和改革委员会委托专家进行评估，并依据专家评估意见对自愿减排项目备案申请进行审查，对符合条件的项目予以备案。

第四步：项目实施。

根据项目设计文件（PDD）、林业碳汇项目方法学和造林或森林经营项目作业设计等要求，开展营造林项目活动。

第五步：项目监测。

按备案的项目设计文件、监测计划、监测手册实施项目监测活动，测量造林项目实际碳汇量，并编写项目监测报告（MR），准备核证所需的支持性文件，用于申请减排量核证和备案。

第六步：项目核证。

由业主或咨询机构，委托国家发展和改革委员会备案的核证机构进行独立核证。核证程序又细分为7个环节，详见《温室气体自愿减排项目审定与核证指南》。由项目业主或技术咨询机构，陪同、跟踪项目核证工作，并及时反馈核证机构就项目提出的问题，修改、完善项目监测报告。审核合格的项目，核证机构出具项目减排量核证报告。

第七步：减排量备案签发。

由项目业主直接向国家发展和改革委员会提交减排量备案申请材料。由国家发展和改革委员会委托专家进行评估，并依据专家评估意见对自愿减排项目减排量备案申请材料进行联合审查，对符合要求的项目给予减排量备案签发。

（二）CCER 林业碳汇交易流程

根据通行做法，CCER 林业碳汇交易有以下两种方式。

方式一：项目林业碳汇 CCER 获得国家发展和改革委员会备案签发后，在国家发展和改革委员会备案的碳交易所交易，用于重点排放单位（控排单位）履约或者有关组织机构开展碳中和、碳补偿等自愿减排、履行社会责任。这是主要交易方式。

方式二：项目备注注册后，项目业主与买家签署订购协议，支付定金或预付款，每次获得国家主管部门签发减排量后交付买家林业碳汇 CCER。

四、 CCER 林业碳汇项目开发的基本条件

目前，国家发展和改革委员会批准备案的 CCER 林业碳汇项目使用的方法学有 4 个，分别是《AR-CM-001-V01 碳汇造林项目方法学》《AR-CM-002-V01

竹子造林碳汇项目方法学》和《AR-CM-003-V01 森林经营碳汇项目方法学》《AR-CM-005-V01 竹林经营碳汇项目方法学》。

CCER 林业碳汇项目要根据这些林业方法学进行开发，并且具备"额外性"，按国家有关政策和规则进行独立审定与核证，才有可能获得国家主管部门的备案和林业碳汇 CCER 签发，实现碳汇交易。

CCER 林业碳汇项目活动开工时间不早于 2013 年 1 月 1 日且 3 年内完成项目审定公示（有关文件已讨论多次，但至该新规定今尚未正式发文）。

为维护有关项目的真实性和可靠性，CCER 林业碳汇项目在提交国家发展和改革委员会备案申请前，需要由省级林业主管部门出具项目真实性证明（2016 年后的新规定，已开始施行，但尚未正式发文）。

根据国家主管部门备案的 4 个 CCER 林业碳汇项目方法学，将 CCER 林业碳汇项目开发的适用条件或基本条件归纳如下。

（一）碳汇造林项目方法学的适用条件

（1）项目活动的土地是 2005 年 2 月 16 日以来的无林地，造林地权属清晰，具有县级以上人民政府核发的土地权属证书；

（2）项目活动的土地不属于湿地和有机土的范畴；

（3）项目活动不违反任何国家有关法律、法规和政策措施，且符合国家造林技术规程；

（4）项目活动对土壤的扰动符合水土保持的要求，如沿等高线进行整地、土壤扰动面积比例不超过地表面积的 10%，且 20 年内不重复扰动；

（5）项目活动不采取烧除的林地清理方式（炼山）以及其他人为火烧活动；

（6）项目活动不移除地表枯落物、不移除树根、枯死木及采伐剩余物；

（7）项目活动不会造成项目开始前农业活动（作物种植和放牧）的转移。

这一方法适用的碳汇造林活动不包括竹子造林。

（二）森林经营碳汇项目方法学的适用条件

（1）实施项目活动的土地为符合国家规定的乔木林地，即郁闭度≥0.20，连续分布面积≥0.0667 公顷，树高≥2 米的乔木林；

（2）本方法学（版本号 V.01.0）不适用于竹林和灌木林；

（3）在项目活动开始时，拟实施项目活动的林地属人工幼、中龄林，项目参与方须基于国家森林资源连续清查技术规定、森林资源规划设计调查技术规程中的林组划分标准，并考虑立地条件和树种，来确定是否符合该条件；

（4）项目活动符合国家和地方政府颁布的有关森林经营的法律、法规和政策措施以及相关的技术标准或规程；

（5）项目地土壤为矿质土壤；

（6）项目活动不涉及全面清林和炼山等有控制火烧；

（7）除为改善林分卫生状况而开展的森林经营活动外，不移除枯死木和地表枯落物；

（8）项目活动对土壤的扰动符合下列所有条件：

① 符合水土保持的实践，如沿等高线进行整地；

② 对土壤的扰动面积不超过地表面积的 10%；

③ 对土壤的扰动每 20 年不超过一次。

（三）竹子造林碳汇项目方法学的适用条件

（1）项目地不属于湿地；

（2）如果项目地属方法学规定的有机土或符合方法学所规定的草地或农地时，竹子造林或营林过程中对土壤的扰动不超过地表面积的 10%；

（3）项目地适宜竹子生长，种植的竹子最低高度能达到 2 米，且竹秆胸径（或眉径）至少可达到 2 厘米，地块连续面积不小于 1 亩*，郁闭度不小于 0.20；

（4）项目活动不采取烧除的林地清理方式（炼山），对土壤的扰动符合水土保持要求，如沿等高线进行整地，不采用全垦的整地方式；

（5）项目活动不清除原有的散生林木；

（四）竹林经营碳汇项目方法学的适用条件

（1）实施项目活动的土地为符合国家规定的竹林，即郁闭度≥0.20、连续分布面积≥ 0.0667 公顷、成竹竹秆高度不低于 2 米、竹秆胸径不小于 2 厘米的竹林。当竹林中出现散生乔木时，乔木郁闭度不得达到国家乔木林地标准，即乔木郁闭度必须小于 0.2；

（2）项目区不属于湿地和有机土壤；

（3）项目活动不违反国家和地方政府有关森林经营的法律、法规和有关强制性技术标准；

（4）项目采伐收获竹材时，只收集竹秆、竹枝，而不移除枯落物，项目活

---

* 1亩≈666.67 米²。

动不清除竹林内原有的散生林木；

（5）项目活动对土壤的扰动符合下列所有条件：①符合竹林科学经营和水土保持要求，松土锄草时，沿等高线方向带状进行，对项目林地的土壤管理不采用深翻垦复方式；②采取带状沟施和点状筑施方式施肥，施肥后必须覆土盖严；

（6）采用所列的一项或多项竹林科学经营技术措施。

五、如何开发林业碳汇

林业碳汇的核心是森林的可持续经营。要理解并把握林业碳汇，必须做到森林的可持续经营，具体包括碳汇林的经营管理技术和林业碳汇项目开发技术，两者互为表里，经营管理技术是内核，开发技术是包装。

首先必须了解碳汇林的经营管理技术。因为碳汇要求的是"永久性"二氧化碳固定，所以，一般短轮伐期林木有固碳作用，但没有碳汇。树木生长时从空气中吸收二氧化碳进而转化为森林生物量，整个生长周期内都可以起到很好的碳固定作用。但一旦树木砍伐成为木材，情况就变得复杂：若被用作建材或家具用材，二氧化碳仍将处于固定状态；若用作薪材或腐烂后，其固定的二氧化碳则重新释放到大气中。因为监管链过长、成本过高，开发者很难监管木材的后续使用情况，因而短期轮伐林地有固碳作用但不能被开发为林业碳汇项目进入市场交易。

国际上认定的林业碳汇"永久性"为 50 年以上，中国明确为 20 年以上。这就意味着，碳汇林至少要保持林地经营 20 年以上。如果一块林地，属于异龄、混交、复层结构，采用择伐经营，没有固定的轮伐期，则需维持林地蓄积稳定增加至少 20 年。湖南省 2015 年 5 月发布的《近自然森林可持续经营技术规程》，是我国与德国合作 10 多年形成的本土化技术成果，是湖南省未来碳汇林经营的基础技术模式。这套地方标准以培育大径材、实现森林可持续经营为目标，即在森林经营期间有林木达到了预定的目标胸径，就可以择伐了，并辅以补植补播、抚育间伐等森林经营管理措施，使这块林地既能实现木材生产，又能维持森林的固碳能力，这样的经营方式才是可持续经营，这样的林地就可称为碳汇林。

再来了解一下林业碳汇项目开发技术。林业碳汇必须基于"项目"进行设计、审定、核证、签发减排量，之后进入市场进行交易。而"项目"是指为了特定目的，按照条件和规范完成的一系列相互关联的活动。首先，林业碳汇项目设计文件必须按照林业碳汇方法学和林业碳汇项目设计文件编制要求来做。否则很难通过专家审定，即便获得批准，也存在许多徒增变数的问题。例如，森林经营碳汇项目的基线参数、生物量方程引用不当，不但会导致违背"本地性"原则，更会导致碳汇量预估的结果粗糙。设计文本的估算数据与将来项目核证实测之间出现巨大的差异，将会使碳汇收益大打折扣。其次，必须按照碳汇项目设计文件中规定的技术经营管理好森林，才会有持续的林业碳汇。每5年核证一次，实际产生了多少碳汇才能销售多少碳汇。如果森林经营得不好，蓄积量没增长，甚或变少了，自然就没有新的碳汇量可以出售，也就不会有持续的碳汇收益。

所有的森林都有固碳能力，但不是所有的固碳能力都能成为"碳汇"进行交易。简单理解是"存量不算增量算"。森林经营碳汇指的是常规做法产生的生物量不能核算为碳汇、采用新技术而增加的那部分生物量才是碳汇。比如一块林地，原来的管理方式是20年轮伐期的速生丰产杉木纯林经营，现有每公顷 $60 \, \text{米}^3$ 的蓄积量。从今年开始开发为碳汇林经营，就要编制一份林业碳汇项目设计文件，记录清楚现有基线数据，按照《近自然森林可持续经营技术规程》经营管理森林，5年后测定每公顷蓄积量为 $135 \, \text{米}^3$，则新增的 $75 \, \text{米}^3$ 即为"新技术产生的增量"可核算为碳汇进行交易。当然，具体项目核算还是很复杂的，总的原则是现有森林固定的碳存量是不可以作为碳汇随意交易的。

造林碳汇这个类型比较简单：荒山没有碳汇，造林后增加的固碳量都是碳汇，在20年经营周期内都可以进行碳汇交易。特别需要强调的是，鉴于林业碳汇产品没有实物交割的"虚拟"属性，林业碳汇交易都需要借助严格的计量方法学、复杂的设计文件进行约束，因而，所有的林业碳汇项目，都需要经过严格的设计、审定、计量和核证，否则难以实现交易。

首先要求的是明确造林目的。理论上来讲，碳汇造林项目仅仅是指以增加碳汇为主要目的的造林活动，是对造林和林木生长全过程实施碳汇计量和监测而进行的有特殊要求的项目活动，这就区别于其他类型的造林活动，比如以获取经济收益为主要目的的经济林（果树、桉树、橡胶树等）和苗圃林就很难被认定为碳汇造林。据统计，截至2017年3月1日，已网上公示的93个林业碳汇类项目中，碳汇造林项目64个，森林经营碳汇类23个，竹林经营碳汇项目5个，竹子造林1个，主要树种是以马尾松、杨树、湿地松、杉木、樟子松、落叶松为主的乔木林、灌木及竹林（毛竹）。所以说，从要求上看碳汇造林绝不是以砍伐和产生直接经济效益为目的的造林活动。

造林目的明确后，接下来就看项目是否具备开发条件。除了额外性、基准线、碳库选择和碳层划分等方法学中的技术问题，开发林业碳汇项目的最基础、最重要的条件就是：土地合格性问题。

（1）以碳汇造林项目的要求为例，项目活动的土地应该是 2005 年 2 月 16 日以来的无林地（不同时满足郁闭度≥0.2，连续面积≥1 亩，成林后树高≥2 米这三个条件），简单地说就是在无林地上新造林。而森林经营碳汇项目就是在同时满足以上三个条件的有林地（须乔木林，灌木林不行）上进行的林业经营抚育活动（如补植补造、树种更替、林分抚育、采伐复壮等综合措施），也是要求在 2005 年 2 月 16 日之后实施的活动，还必须是在人工幼、中龄林的林地上实施，天然林和成熟林也不在该范围内。

（2）造林项目活动的土地不属于湿地和有机土的范畴。森林经营碳汇项目的要求是项目地土壤须为矿质土壤。

（3）项目活动对土壤的扰动符合水土保持的要求，土壤扰动面积比例不超过地表面积的 10％，且 20 年内不重复扰动。

（4）项目活动不涉及全面清林和炼山等有控制火烧，以及不涉及农业活动的转移。

如果以上几个条件都能达到的话，那么项目在土地合格性这方面基本具备了开发条件，接下来就是准备材料了。

以下文件是开发碳汇项目必不可少的基础资料和文件，是任何一个第三方审核机构的审核员进行文件审查的重点。当然，并不是具备了这些资料就足够了，在这里仅仅提一下最重要的几个：

（1）土地合格性证明文件（参看上面第二点的要求，拿出有力的证据证明项目地块的土地合格性）；

（2）土地权属证明文件：造林地的每一个地块权属都要清晰，具有县级以上人民政府核发的土地权属证书或其他证明文件；

（3）利用 GPS 或其他卫星定位系统测定的项目地块边界的拐点坐标，或地块主要方向顶点坐标，及项目边界的矢量图形文件；

（4）小班图和小班数据；

（5）造林作业文件及批复（森林经营碳汇项目要求森林经营方案及批复）；

项目竣工验收报告。接下来还要按照要求开始正式编写项目设计文件（PDD），然后挂网公示，第三方审查，现场审定，拿到审定报告获得经核证的减排量就可以进入到碳市场进行交易获得碳收益了。

　　一般来说，以造林碳汇项目为例，在监测期内项目所在地如果没有发生火灾、病虫害和冰冻等自然灾害的情况下，南方地区可以在 10 年内进行 3～4 次碳汇量的监测和核证，北方地区 10 年内监测 2～3 次。

气象部门媒体融合的业态发展与市场化路径研究

张雅璐　　钱防震

（象辑知源（武汉）科技有限公司，北京 100044）

一、引言

随着气象与媒体融合的理念不断深入，中国气象局带领各级气象媒体单位顺应融媒体时代发展趋势，进一步贴合政、企、民对气象服务的需要，在与媒体融合的实践工作中不断完善体制机制、追求创新发展，形成了多轮驱动的良性发展态势。但是在气象媒体融合的业态不断丰富的过程中，模式趋同化、创新效能低的问题也逐渐显露，如何进一步激发创新能力、提高融合效益成为气象融媒体发展面临的紧迫问题。

二、气象媒体融合的业态发展现状

气象媒体作为气象信息与公众间最直接的一种交互方式，伴随着传统媒体向新媒体方向的转变和突破，正迎来自身的质变改革。党的十八大以来，中央高度重视各行业媒体融合发展，2018 年 10 月 19 日中国气象局党组适时出台了《关于加强气象宣传工作的意见》（简称《意见》）。该《意见》指出，各级气象部门党组（党委）应充分认识气象宣传工作的重要性，营造关注、理解、支持气象的良好舆论氛围，构建融合新理念、新技术、新媒体的气象大宣传科普格局。按照《意见》的要求，各级气象部门进行了众多尝试。

（一）体制机制建设

中国气象局在扩大气象媒体融合的工作中带头践行了多种尝试，建设了国家级气象融媒体平台。中国气象局以自身各部门协调统筹为基础，委托气象报社进行平台功能设计和建设；与公共服务中心、华风集团、信息中心等相关单位共同努力，建成服务全国的气象媒体网络。

各地气象部门在中国气象局的带领下，纷纷对气象融媒体发展的体制机制进行改革，部分已初见成效。在最新的报道中，北京市声像中心为进一步推动北京气象影视节目再升级，于2020年8月7日上线运行"首都气象影视"微信视频号，将传统的天气播报、气象宣传科普等内容与短视频相结合，进而更好地服务公众。

（二）全媒体平台尝试

目前，气象预警系统"中央厨房"已搭建成功，国家突发事件预警信息发布网（www.12379.cn）作为发布气象预警的权威平台，集合了短信、传真、邮件、微博、微信等发布渠道，实现了10分钟内有效信息覆盖。各级气象部门，气象科技公司顺应社会需求纷纷开通媒体账号，助力突发事件的预警传播。

电视媒体平台方面，中国天气频道承袭一直以来的高质量节目水准，打造24小时不间断气象播报，同时不断丰富节目模块，从养生、农业、气象历史、科普等方面全方位传播气象信息。

新媒体平台方面，微博、微信、APP客户端均成为各级气象部门融媒体尝试的主要领域。值得一提的是，在新兴的短视频平台上，气象融媒体尝试也突显成效。以抖音短视频平台为例，中国气象局自2019年3月18日正式入驻抖音平台，发布第一条短视频即获得36.9万点赞，截至2020年8月底，共计发布短视频作品近170个，收获粉丝190余万，获赞299万之多，已形成可观的传播影响力。

（三）传播内容日渐丰富

互联网和智能手机的普及为融媒体时代的发展注入加速剂，更加多元化的信息源头，通过传统媒体和新媒体组合形成的播报体系进行整合，最终触达给多元化的受众。气象信息亦是如此，从应用最广的天气预报和气象知识科普，到如今关乎公众切身的气象应用，越来越多的气象内容丰富了互联网内容平台，同时也为自身内容品质提升创造可能。

融媒体发展进程中，气象媒体传播的内容不断丰富，从单纯的气象播报到如今根据不同平台制作出不同类别的媒体内容，可简要概括为以下几类。

1. 天气预报类

包含每日、逐时预报和突发气象预报预警。多数气象媒体渠道均会提供上述内容的播报。在融媒体发展过程中，上述内容的播报也优化得更加精准、及时、简明扼要。

2.气象实况类

多见于短视频、直播平台，其中短视频内容多为公众自行拍摄的身边发生的气象实况内容，虽然拍摄器材、画质均不及专业设备，也没有文案编排，但因反映直观感受和体验，视频往往更容易得到关注，甚至成为热点气象资讯，引导公众舆论方向。直播类实况内容多是气象媒体对于重点气象天气的直播节目，节目通过直播连线现场记者和气象专家为观众提供实时解说和专业讲解。

3.气象应用类

传统媒体中对于气象应用多集中在农业、航空等领域中，媒体融合后的气象内容则更多展现出民众贴合度，例如穿衣指数、出行推荐、季节养生等。

4.气象科普类

气象科普类内容多且专业度较高，通常呈现为专题片、纪录片和科普视频。受专业度影响，公众接受度较低，如何让科普内容更"接地气"，更有传播性，成为气象科普类内容所面临的主要问题。

5.综合类

包含以上各类播报内容，整体规划不同模块组合，完整呈现某一专题的综合类内容，例如深圳卫视联手深圳市气象局推出的《气象万千》节目，该节目是一档大型互动体验式科普节目，由主持人通过实验、体验、问答、拍摄、追踪、访谈、记录等多种方式，带观众亲身感受天气的千变万化和了解天气现象的前世今生。

（四）变革传播方式

1.从录播到直播、短视频

传统的气象预报和气象科普节目通常采用录播的形式，容易造成信息滞后，互动感差等问题。直播形式的推出很好地解决了上述不足。气象融媒体节目通过直播形式让公众得以随时随地了解气象资讯，一方面，实时直播让天气预报预警更加高效，另一方面也扩大了气象服务的受众，只需一台智能手机就可以随时感受天下气象。

直播风潮的迅猛发展，促使更多的主体尝试气象直播。中国气象频道天气直播间，全天候提供各类天气预报、气象新闻；各地方气象局结合气象情况尝试开通直播频道，现场播报，公众可通过留言、弹幕等形式与气象专家实时互动。在气象直播形式的不断改进中，我国的气象行业已具有较为丰富的直播经验。

与直播相继兴起的还有各类短视频平台，一句"每个人都值得被记录"打动了越来越多的人，公众热心于将自己的生活、身边的事情用短视频的方式分享到类似的社交平台上，这其中就不乏关于气象的信息。区别于直播的是，短视频是视频原始拍摄者的亲身经历，与公众的共情度更高，公众的体验感更为亲切，且短视频无需台本、内容更为直接。这就引导了公众对于气象服务内容及时性、互动性和体验感的更高要求。

2. 带＃话题＃播报

带＃话题＃已成为当前互联网媒体数据分析的底层逻辑之一，平台会根据话题的关注度排列热搜榜单，根据话题判别信息类别，根据用户对该话题的兴趣判定推送内容，用户也可通过选择话题了解到同一话题中更多相关信息。带话题的播报成了气象融媒体传播方式的又一有效尝试。

以 2020 年 8 月 26 日第 8 号台风"八威"为例，微博平台生成＃台风巴威＃、＃台风巴威北上辽宁＃、＃台风巴威袭山东＃等多个话题，其中话题＃台风巴威＃引发网民 2.2 万次讨论，超过 1.7 亿次阅读。央视新闻发布的微博——《直播！＃台风巴威袭来＃注意防范！》一文收获 10 万网友点赞，评论数更是过万。抖音平台上，＃台风巴威＃话题播放量超 1 亿次，相关视频数达3336 个（数据截至 2020 年 8 月 28 日）。随着台风路径转换，途径各省市多地媒体开启带话题直播播报，引发百万网友关注。

3. 借 IP 形象"跳圈"

在众多新媒体尝试中，塑造 IP 形象成为较为突出的创新宣传形式。以西安公众气象服务为代表的"唐妞""秦风小子"为例，这两个 IP 均为当地动漫科技公司设计，以当地特色历史文物为原型，融合西安十三朝古都的文化底蕴打造出的特色卡通人物。通过 IP 人物生动、可爱的形象，图文并茂地向公众展示了多种气象服务信息。西安市气象局通过此次合作以"唐妞"形象创造了天气表情包，以"秦风小子"形象创作了二十四节气 CG 插画和 Flash 视频，相关作品在微博、微信平台收获众多粉丝追捧，有效提升气象信息宣传效果。

IP 形象的能量还不止如此，《复仇者联盟》《钢铁侠》等经典 IP 真人电影直接推进美国动漫行业大跨步发展；日本的动漫 IP 发展成为独立文化，深入国民生活。我国动漫产业虽然起步较晚，但增速快，IP 形象的市场不仅仅局限于表情包、动画片，也可以向实体产品进行转变，产出更大价值，这一方面气象服务还有很大的尝试空间。

三、气象媒体融合发展存在的问题

（一）发展不均衡、缺乏协同

各级气象部门媒体融合工作发展不均衡。为响应习近平总书记推动媒体融合发展，运用信息革命成果，推动媒体融合向纵深发展，做大做强主流舆论的要求，近年来，各级气象部门纷纷开始气象媒体融合方面的尝试，但是受体制机制、技术水平、人才储备、运营能力等多重因素限制，各级气象部门媒体融合发展明显不均衡，资源过于分散。

同时，发展过程中协同度有待提高，包括各级气象部门间的协同和气象部门与外部科技公司、新媒体公司间的协同。气象部门在专业方面的优势需要借助更加科技的方法和更多形式展现出来，进而创造更大价值。合理运用市场上第三方公司的技术优势或将成为气象部门新媒体融合工作迅速提升的方法。

（二）新媒体运营经验不足，垂直领域深入度较低

大众熟知的媒体平台中，平台定位及运行机制各有不同，从而存在着传播模式、传播效率的差别。这就要求信息发送者知悉各平台定位，掌握平台运营规律，从而更好运用平台。

较多气象部门尝试了微博、微信公众号等新媒体方式，但并未遵循各类平台的运营规则，以至于传播效果不佳。例如，微博可以随时发布信息，但发布内容字数、格式及呈现有限；微信公众号有发布周期限制，但可以编排字体、图片甚至模板；新兴短视频平台则更多以视频为内容展现形式。如果用同样的内容单纯发布在不同平台上，信息内容必定受到诸多限制，就会造成现如今关注度不够，信息内容存于表面，垂直领域的深入度低等问题。

（三）用户定位欠清晰、运维能力屡弱

传统气象媒体多是运用报纸、广播、电视等媒介，通过采访、编辑的方式输出内容，对于用户的概念理解不足。气象部门在做新媒体平台尝试时对于微博、微信、客户端、短视频、直播等各个新媒体平台的用户划分更加没有明确定位，造成各平台之间推送内容同质化现象较多，运营效果欠佳。

新媒体时代，要求信息的发送者与受众是互动的关系，这就要求气象部门在做新媒体融合工作的过程中精准定位用户群，同时对于已有用户要有运维意识。用户的运维不仅仅是留言回复，更要从整体内容编排、热点追踪、舆论导

向管理、粉丝互动等全流程予以考虑，我国各级气象部门在这方面的能力还处于较低水平。

(四) 内容高度趋同，社会参与度低

媒介传播的基础是内容，衡量气象媒体传播的成效与效能也同样在于内容。内容质量是气象媒体融合工作软实力的积淀，内容质量的高低对于品牌定位、媒体融合发展和用户感受及黏性均有根本性影响。目前各级气象部门在公共媒体平台发布的内容多为气象预报、灾害预警等，虽有辅助其他类气象节目，但内容趋同化严重，且内容触达是单向的，互动性较差，社会参与度低。

随着 5G 时代的到来，公众在社会生活中的主角位置更为凸显，对互动性和参与度的需求浸入到大多数行业中。针对气象行业，公众对气象内容的丰富性、垂直度要求也将提高，这就要求气象部门在发布官方气象预测、预报、预警等内容的基础上扩充包含互动性多，甚至公众直接可参与的内容。对此，市场化的商业气象服务公司往往对于 PGC (Professional Generated Content，专业生产内容) 的内容把控、发布节奏、舆论引导更有经验，各级气象部门可以借助这类公司打开内容市场化的新格局。

四、创新路径探索

(一) 强调服务品牌化，坚持协同发展

"中国天气" 是中国气象局一手打造的专业性气象服务品牌，自 2018 年 8 月发布以来服务了涵盖国家、省、市、县四级全媒体服务渠道，包括广播、电视、网格、移动客户端、微信、微博等。"中国天气" 拥有基于位置的分钟级临近天气预测能力，可提供更权威、准确的气象服务。发布以来，"中国天气" 品牌在多渠道大胆尝试，公众认可度有目共睹。

"中国天气" 的品牌化无疑是成功的，其成功的原因在于多元因素对于品牌力的支撑。各级气象部门对于自身气象品牌的建设应更多借鉴 "中国天气" 的经验，借助 "中国天气" 的品牌价值发展当地特色的品牌化气象服务工作。

强调品牌化的同时，坚持各级各单位协调发展，利用可利用的市场资源，借助可借助的体系内经验，矩阵联动。在重大事件和重要节点时期强调集中运营，引导舆论效应；日常运维中强调各级协同，实现内容互补，多层面推进气象媒体融合工作。

(二) 开展全媒体经营模式，强调触点投送精准化

气象媒体融合的最终目的是将气象服务精准投送给用户，因此用户的反馈和评价就成为衡量气象媒体融合工作成果的重要标尺。如何在全媒体环境下，为用户投送贴合喜好、符合各平台客户群痛点的精准的气象内容就成为气象部门面临的重要问题。各级气象部门需尽力开启包含深度解读媒体平台、精准定位平台客群、深耕气象内容垂直度等工作的气象全媒体经营模式。

新媒体平台不断兴起，深入影响公众生活，形成用户行为习惯。深度解读各媒体平台运行机制，在内容推送过程中对各媒介进行区分和筛选，分模块、分批次投送气象内容，提升触达频次，让用户感受多元服务。同时，根据不同平台的用户特点，描绘用户画像，筛选符合用户行为习惯的内容做定向推送。内容方面，在以往注重气象知识科普的基础上，生产更多与公众生活联系紧密的内容和与其他行业相结合的内容，以提升用户关注度和用户黏性。

全媒体经营模式将内容的推广、媒介的互通组合、用户的行为习惯联结起来，利用气象媒体数字化推广、广告经营、增值服务、粉丝运营等多重手段，推动气象融媒体发展，为气象融媒体效益性提供更多可能。

(三) 引入商业气象服务公司，助力气象定制服务提升

相较于日常气象预报、灾害预警等信息，融媒体时代公众对于气象定制服务、个性化服务的需求不断显露，这对于气象服务从公益化、基础性转向市场化、定制化提供机会。

与政府气象部门服务模式不同，商业气象服务公司在技术开发、客户研究、行业结合和产品效益方面都更加灵活、更有优势。例如，市场上已有的APP，可以根据用户选择的路线提供不同路段的气象情况和穿衣指数等。在定制服务和个性化服务方面，商业气象服务公司还可以与市场上其他行业公司形成行业搭接，如农业气象保险、房地产施工气象预警、气象数据与自动驾驶技术搭接等。

为满足气象定制服务、个性化服务的需求，气象部门可以通过嵌入第三方商业气象公司的方式，在各媒介中推广相应技术，引导公众体验，增强互动，进而提升用户黏性。

(四) 创新传播模式，主动迎合 5G 时代

5G 技术已逐步在我国三大电信运营商实现并推广。5G 的高性能目标包括高数据速率、减少延迟、节省能源、降低成本、提高系统容量和大规模设备连

接等方面。从气象媒体角度来看，媒体平台传播的内容将更快更便捷地触达给用户，那么用户对于气象信息的精准度、触达时效和体验感要求势必也将大大提高。为更快更好地适应即将来临的 5G 时代，气象部门应行动在前，创新传播模式，主动迎合 5G 时代。

首先，实践新技术，如 VR、AR、MR 技术。VR 技术是虚拟现实技术，可以让用户沉浸式进入虚拟世界，体验虚拟场景，但可以给用户身临其境的感觉，例如带用户体验各种气候景观；AR 技术是增强现实技术，是以现实世界的实体为主题，借助数字技术帮助用户更多的探索和体验现实场景，例如给用户展现实时发生的气象情况，增强用户对于气候状态的互动性和体验感；MR 技术是混合现实技术，是将真实世界与虚拟世界混合在一起，进而产生新的可视化环境，该环境中可以包括现实实体也可包含虚拟世界，例如可为用户介绍全球气候变暖持续发展的情况下，5 年或者 10 年后用户所在城市的气候状况。

其次，立足已有平台，突出"智慧气象"定位。通过新技术应用，提升短视频制作能力，打造专业短视频制作、运营团队，形成自身独特的气象科普风格。同时采用线上＋线下的融合方式，将专业难懂的气象知识通过更为生动的形式展现出来，引导公众关注。

五、结论

近年来，各级气象部门在媒体融合工作中的尝试取得了较为丰硕的成果，但相应问题也比较突出。体制机制的更迭、新媒体平台的探索、公众需求的提升、用户运营的空白都是气象媒体融合工作所面临的急需解决的问题。对此，笔者从品牌化、协同发展，开展全媒体经营模式，引入商业化运营模式以及创新尝试 5G 技术等方面提出探索路径，主要目的是让新技术、新尝试更好地推动气象媒体融合工作，带动气象行业整体发展，从而更好地服务公众，满足公众对于气象信息精准化、个性化的需求。

参考文献

陈蕾娜，2019.融媒体环境下打造气象服务品牌的思考 [J].传媒论坛（10）：103-105.
杜春艳，2018.多媒体融合下气象服务平台建设得研究与探讨 [J].气象研究与应用，39（4）：86-88.
赖雨薇，2020.融媒体时代气象信息传播渠道探讨 [J].广西广播电视大学学报，31（2）：94-96.
刘若馨，贾静浙，2018.中国气象局党组出台加强气象宣传工作的意见 要求构建融合新理念、新技术、新媒体的气象大宣传科普格局 [EB/OL].http：//www.cma.gov.cn/2011xwzx/2011xqxxw/

2011xqxyw/201810/t20181022_480939.html.

苏丽娟，2020.5G 时代气象信息传播与服务的转型思考［J］.传媒论坛，3（2）：155-156.

王晨，2020.新时代气象宣传业务融合发展思考与建议［J］.新媒体研究，11：77-79.

叶芳璐，2020.北京：聚焦融媒体推动影视节目再升级［EB/OL］.http://www.cma.gov.cn/2011xwzx/2011xgzdt/202008/t20200812_560607.html.

虞璐，2018.论气象媒体融合的创新路径［J］.科技传播，12（下）：12-16.

赵西莎，2019.由"唐妞、秦风小子报天气"谈公众气象融媒体服务新思路［J］.陕西气象（4）：60-63.

探索融媒体时代下的气象服务宣传

侍永乐　　朱坤坤

（安徽省公共气象服务中心，合肥 230031）

一、引言

气象服务是气象业务的重要组成部分（胡梦影等，2018）。当今电话、报纸等旧媒体传播气象信息的时代仍在持续，但随着信息技术迅速发展，新媒体迅猛发展。融媒体是时代的产物，是当今时代发展的必然趋势。从本质上来说融媒体是内容生产平台，运用传统媒体和新媒体手段和平台组成大的报道体系，是对传统业务流程的整合，其信息的源头是多元化的，传播终点也是多元化的（金柏青等，2019；王珍等，2018）。"融媒体时代"的气象服务，就是气象信息在不同媒体之间、不同平台之间融合互通（曹佳等，2018）。受众多、操作简便的微博、微信、头条、抖音等新媒体，成为新媒体时代气象部门用以传播预警预报信息的新平台。当今气象服务宣传迎来了新旧媒体互动融合发展的态势，也迎来了前所未有的机遇（赵西莎等，2019）。仅有传统的气象服务宣传方式无法满足现今社会公众需求，如何将气象信息用通俗易懂的语言、便捷快速的查询方式，让公众获取气象预报预警信息和科普知识，是气象部门在气象服务宣传中必须思考的问题。一方面，公众可在微博、微信、直播平台、抖音等气象部门账号下留言、评论、点赞、转发，气象部门的工作人员通过回复评论，拉近与公众的距离，增强互动性、趣味性。另一方面，在融媒体时代，气象部门输出的文字、图片、数据量更大，服务中可能出错的概率更大，如何确保气象信息准确科学，是气象人在融媒体时代面临的挑战。因此，对于如何运用融媒体开展气象服务宣传进行探讨，具有重要的现实意义。本文通过总结分析融媒体背景下气象服务路径、气象人面临的机遇与挑战等方面的内容，旨在探索气象融媒体服务的发展方向。

144

二、运用融媒体开展气象服务途径

(一)气象融媒体直播探索

近年来,网络直播发展迅猛,智能手机与无线网络的普及率越来越高,为气象直播节目打开新大门,加速了气象融媒体时代的到来。第 44 次《中国互联网络发展状况统计报告》指出,截至 2019 年 6 月,我国网民规模达 8.54 亿人,较 2018 年底增长 2598 万人;互联网普及率达 61.2%,较 2018 年底提升 1.6 个百分点。手机网民规模达 8.47 亿,较 2018 年底增长 2984 万人;网民手机上网比例达 99.1%。通过手机、互联网等载体可快速传播气象预报预警信息、及时普及气象科学知识。

直播平台是融媒体气象服务较为热门的传播方式,它既有电视媒体缺少的即时互动性,又能保证气象服务的专业性。电视和报纸都需遵循排期,公众得到信息的时间比较固定,从而一定程度上存在滞后性,如具有较强时效性的预警信息出现,节目播出时可能错过预警时效。直播可以做到让公众随时随地收看,根据需求做到内容可选,同时吸引大批青年人,让气象信息能够更便捷地传递到千家万户。气象融媒体直播节目有时效性强、传播范围广、语言风趣、形式多样、互动性强等特点,它打破传统气象服务的格局,将最新、最准确的天气资讯在第一时间传递给公众,使公众及时应对灾害性天气过程,并根据气象服务建议做出趋利避害的决定。同时,气象融媒体直播可展现气象人的风貌,进一步提高气象服务信息的影响力。

(二)新旧媒体协调发展

基于融媒体平台的新科普宣传方式更有个性,更便于现代人接受。在新媒体领域,气象部门可为公众提供更加个性化、精细化的气象服务。在融媒体环境下,公众既可以通过传统途径如电视、广播、报纸等渠道,也可以通过微博、微信、今日头条、直播、抖音等渠道获取气象预报预警信息和气象科普知识。

气象服务一直注重"引进来"和"走出去","引进来"是将公众邀请到气象局参观科普馆、参观气象节目制作大厅等,"走出去"是走进学校、进社区、进农村等进行现场气象科普宣传。"引进来"的优点是公众身临其境感受气象观测数据的采集、天气预报的制作、电视预报节目的制作等;缺点是有机会参与的公众太少、普及率低。"走出去"的优点是让学生在学校、老百姓在家门口了解气象知识;缺点是气象工作者精力有限,开展活动的时间和次数有限,并不能走遍每一座学校、每一个社区。因此,借助气象融媒体平台可将受众的范围扩大,让更多需要气象资讯和气象科普知识的人获取气象信息。同时,气象工作者大多数以幕后服务为主,大众对气象工作者了解得相对较少,深度报道气象工作与气象精神更少,我们可以通过气象融媒体平台,向公众展示气象人风采。

(三)气象融媒体平台建设

中国气象局局长刘雅鸣在 2019 年全国两会期间提出,要加强全媒体时代自然灾害信息传播体系建设,融媒体业务平台就是基于这一理念孕育而生。从中国气象局到各个省气象局,积极响应融媒体业务平台建设的号召。中国气象频道融媒体共享平台早在 2016 年开始启动平台建设;在媒体资源整合方面,安徽省公共气象服务中心打通全中心气象采编资源、媒体资源,将当前媒体业务内容整合以及流程再造,通过自有、外搭第三方媒体资源,优势并举,建立融媒体指挥调度平台;在平台板块设置方面,内蒙古公共气象服务中心构建出六个系统模块为全国第十四届冬季运动会气象服务做保障,模块包含预警、预报、实况等多类气象服务产品(金柏青等,2019);而四川省气象服务中心建立一站式媒体融合平台,拓展从舆情收集、线索汇聚、热点发现、数据可视化、统计分析、气象监控等增值服务;黑龙江省气象局开拓新思路,通过与省委宣传部合作,在"学习强国"APP 的"黑龙江平台"开设了"龙江天气"专题。融媒体平台的建设,让气象资讯资源汇聚高效化、全媒体编辑及产品制作流程化、气象服务产品审核制度化、气象信息一键式统一多端发布完善化。

(四)融媒体服务新思路

碎片化的阅读和获取资讯时代,要用更贴合大众阅读习惯的表达方式传达气象信息。除了用吸引人的标题以外,要联合多部门开展宣传范围广、力度大的大型线上线下活动;还可以由气象部门牵头评选民间气象"达人",扩大气象宣传群体。需要推陈出新宣传方式,如在一次初雪报道中,有气象工作者利用"航拍+VR"技术,用全景摄像机拍摄初雪覆盖下的城市,拼接出一副可观看的全景视角 VR 动态降雪图,观看者佩戴 VR 眼镜,能以第一人称视角看雪景全景图,仿佛身处雪原,雪花就落在自己身上(高海虹等,2017)。

融媒体气象服务需要人才团队提升能力。专业的气象科学知识如何被未受过专业气象知识培训的公众接受,是气象服务工作者一直需要思考的问题。适当加入轻松幽默的元素，并且结合当下最火热的事件，再将气象科学知识用通俗易懂的表达方式结合起来，形成易于大众接受的气象科普媒体信息，宣传气象预报预警信息、气象科普知识、气象部门的工作、职工的风貌，更加积极地回应社会关切，更好地服务和满足社会需求。

三、融媒体时代气象服务的机遇与挑战

（一）加强气象人的职业素养

融媒体时代下的气象媒体人应当主动适应社会进步和发展，受众更希望获得更快捷、更高效的信息。当下气象产品的传播，除了要求气象工作者有基本气象知识以外，还需注重宣传队伍的组建、高素质人才的选拔、制定科学合理的宣传计划。

习近平总书记在党的新闻舆论工作座谈会上强调："媒体竞争的关键是人才竞争，媒体优势核心是人才优势。"气象行业精兵强将多集中在预报岗位，而真正气象专业出身且有较好的表达能力、宣传能力、感染能力的气象科普工作者较少（侍永乐，2017）。因此，培养一支高素质的气象媒体人团队十分必要，气象工作者一方面要加强理论知识的学习，让自己拥有沉着应对公众气象问题提问的能力，学习相关跨专业知识；另一方面要思考创新气象服务思路，创新服务内容，寻求共赢。

（二）提升新老媒体的契合度

传统媒体和新媒体的融合，不能只停留在简单的嫁接，而是要实现真正的融合互通，让信息平台、信息资源、传播方式、宣传效益等融合（熊莉军等，2018）。要让传统媒体与新媒体实现"1+1＞2"的宣传服务效果，传统媒体和新媒体是兼容并蓄的关系，在气象服务中要找出最佳结合点。另外，在生动活泼与权威性之间，气象媒体人要把握好合适的"度"。虽然"吸粉"是件好事，但缺乏权威性、公信力、专业性的宣传是不可取的。只有将传统气象传播方式与新媒体实现优势互补，才能提升气象媒体宣传的正面形象。

（三）创新气象服务产品

融媒体环境下，我们有更多机会打造自己品牌，可以通过各新旧媒体平台的宣传、通过线上线下多种形式来推广，但我们也面临更多风险跟挑战。受众不全是气象专家，多数人往往无法判断气象信息的真实性和可靠性，若不准确的气象信息广泛传播，又会被认为是气象部门预报预警不准确，从而导致气象

部门的公信力降低。现今公众获取资讯的方式更替快,气象部门应不断开发气象宣传新产品、开拓新媒介,实现气象宣传顺应时代发展的节奏。如扩大交通气象服务信息的发布渠道,拓展面向公众的交通气象服务。目前安徽省气象局已与安徽"蓝海豚卡车之声"进行合作,充分发挥各自优势,通过直播连线等方式将气象、路况等信息通过电台进行播报,为物流、运输提供安全保障;将进一步与导航企业进行对接,协助推进道路气象信息接入导航,通过电视、新媒体等多种渠道发布交通气象服务信息,为公众的出行提供更加有针对性的服务。

四、结束语

随着社会经济的发展、人们生活水平和公众素养的不断提高,融媒体走进气象服务、气象人走进融媒体都是必然趋势。融媒体的内在特征重在"融",形式重在"合"。气象人在这样的大环境下,应紧跟时代潮流,研究把握信息传播和新兴媒体发展规律,不断探索、创新、发现,建立"融合思维",以专业的气象知识为背景,以优质的服务内容为依托,以公众的实际需求为导向,不断推出好作品,快速传播气象预报预警信息、传播气象科技科普知识、传播气象行业职业精神等,才能在融媒体时代下砥砺前行,做好公众气象服务工作。

参考文献

曹佳,胡亚旦,2018.从网络直播谈谈"融媒体时代"的气象服务和气象主持人 [C].第 35 届中国气象学会年会.

高海虹,金鑫鑫,2017.浅析融媒体下的气象科普视频发展之路 [C].第 34 届中国气象学会年会.

胡梦影,胡亚旦,陈蕾娜,2018.融媒体时代的公众气象服务特点 [C].第 35 届中国气象学会年会.

金柏青,陈悦,2019.内蒙古气象融媒体平台建设——全国第十四届冬季运动会气象服务保障为例 [J].卫星电视与宽带多媒体 (6):24-25+27.

侍永乐,2017.关于加强当前校园气象科普工作的几点思考 [C].第 34 届中国气象学会年会.

王珍,朱萍,蓝烁群,等,2018.气象融媒体直播服务探索与思考 [J].电脑与信息技术,26 (6):66-67+73.

熊莉军,谭波,刘立成,2018.融媒体时代基层气象宣传的时度效 [J].新闻研究导刊 (11):32-33+35.

赵西莎,唐智亿,徐军昶,等,2019.由唐妞、秦风小子"报天气"谈公众气象融媒体服务新思路 [J].陕西气象 (4):60-63.

天然禀赋气候资源业态推动
康养产业发展新蓝海

王 静 范晓青 贺 楠

(中国气象局公共气象服务中心，中国气象服务协会，北京 100081)

康养产业就是为社会提供康养产品和服务的各相关产业部门组成的业态总和，学术界普遍将康养解读为健康和养生的集合，重点在于生命养护上；而产业界更倾向于将康养等同于大健康，重点把养解读为养老，认为康养是健康和养老的统称。目前康养产业的主流模式有天然资源引领下的健康养生、产业科技驱动下的健康科技、医疗服务为特色的医疗健康。

一、老龄化时代催生医疗健康产业新布局

国务院在 2016 年发布的《"健康中国 2030"规划纲要》中指出，应积极促进健康与养老、旅游、互联网、健身休闲、食品融合，催生健康新产业、新业态、新模式。政府先后出台的一系列政策，从多个方面鼓励地方开展"康养产业"建设。在"健康中国"成为中国发展核心理念的背景下，康养产业将在未来 20 年迎来重大发展机遇期。国家战略正在呼唤"康养产业"的积极发展，"康养产业"将成为下一步中国各地健康水平整体提升和经济发展的主流特色发展模式之一。

中国正快速步入老龄化社会，截至 2018 年底，我国 60 周岁及以上人口 24949 万人，占总人口的 17.9%，其中 65 周岁及以上人口 16658 万人，占总人口的 11.9%。预计 2040 年时的老龄比例将超 30%；2050 年时预计中国老龄人口将占全球总数的近 1/4。老龄化时代对康养产业的市场需求巨大；而且对比其他人群，老年人在医疗健康方面的需求更复杂。医疗健康项目作为康养产业的主流模式之一，主要是依托当地特定的自然环境与交通辐射能力，规划、导入和构建优质、综合性的医疗健康服务体系，服务当地及所辐射、吸引的特定

医疗服务受众或老龄人群，打造以医疗健康服务为特色的医疗健康产业。

医康养产业发展战略，主要是通过调配国内外尖端医康养资源，打造生命健康服务平台。针对成熟年龄段的受众群，建设复合型国际康养旅居示范基地，包括运动康养休闲基地、中医汉方养生基地、康养护理培训基地等医、康、养、学、游为一体的健康、生活示范区等；通过投资建设康养国际社区，以丰富养老护理项目设计与高端居住体验，为老年客户提供多元化养老服务。一些地区依托当地的传统中医、中草药和中医疗法等核心资源，形成的一系列中医药康养业态集合，如中医养生馆、针灸推拿体验馆、中医药调理产品，以及结合太极文化和道家文化形成的修学、养生、体验旅游等。

二、天然资源成为康氧产业发展的核心资源

不同于医康养产业发展的对象主要是面向病患群体，对于很多重视保养、疗养的健康和亚健康人群而言，以天然资源核心的健康养生模式更受青睐。依托当地的资源禀赋，如自然、生态、人文、历史和文化等，打造以优势资源为主题引领特色的健康养生项目，其核心业态将以休闲养生、文化娱乐、休闲观光、生态农场和医疗旅游为主。

康养产业根据自然资源的类型不同分为森林康养、气候康养、海洋康养、温泉康养、中医药康养。森林康养是以空气清新、环境优美的森林资源为依托，开展包括森林游憩、度假、疗养、运动、教育、养生、养老以及食疗（补）等多种业态的集合。日本的森林公园覆盖国土面积的 15%，每年体验森林浴的达到 9 亿人次，人均每年 7.3 次，是到国家公园旅游人数的 2.3 倍。美国每年有 3 亿人次步入绿色环境，人均每年 1.2 次。我国森林面积达 15894.1 万公顷，森林面积居世界第 5 位，林区地理环境复杂，物种资源丰富，自然景观多姿多彩。截至 2018 年，我国森林公园数量达到了 3200 多家，生态旅游面积庞大，但是森林旅游的发展刚起步不久，充分发挥以森林为主体的生态旅游资源的发展潜力，加大力度开发森林旅游资源，才能营造优质的旅游环境、实现生态旅游资源的可持续发展。

大多数温泉本身具有保健和疗养功能，是传统康养旅游中最重要的资源。现代温泉康养已经从传统的温泉汤浴拓展到温泉度假、温泉养生，以及结合中医药、健康疗法等其他资源形成的温泉理疗等。近年来，随着健康中国战略与供给侧结构性改革不断推向纵深，中国温泉旅游产业发展势头持续迅猛，集旅

游、休闲、度假、养生、健康于一体的温泉旅游，逐渐成为人们休闲度假的热门选择。温泉旅游正在由休闲娱乐型向休闲度假＋康体养生复合型进行转变，成为未来中国温泉旅游产业的发展主基调。作为有着"中国温泉之都"和"世界温泉之都"美誉的重庆，正在全力打好"温泉牌"，努力打造以北碚为核心的"世界温泉谷"，建设"世界一流的温泉旅游城市"。重庆正在积极探索温泉＋文化、温泉＋艺术、温泉＋音乐、温泉＋中医、温泉＋运动、温泉＋民族风情等业态的多元发展，丰富产品供给、提升产品品味，增强重庆温泉与气候养生旅游的综合竞争力与国际吸引力，加快推进重庆温泉与气候养生旅游的发展。

国家气象公园建设就是通过保护和合理利用旅游气象资源，在趋利避害、促进生态文明建设和经济社会可持续发展中发挥作用。天气与气候的变化在不同季节、不同地区会产生一些非常奇特的天气景观，形成对旅游者富有吸引力的自然旅游资源。天气与气候是构成天气景观的基本因素，它又是一项旅游资源，既有直接的造景功能，又有间接的育景功能，影响着地貌、水体、动植物乃至一些人文景观的变化。

自然气象旅游资源是构成气象景观资源的主体，包括冰雪景观、风类景观、日月景、幻景、极光、极端天气及其他奇特气象景观等。如黄山云海景观独特，一年中约有 60 天现身，云海、云雾景观的形成和黄山景区所处的湿润多雨的亚热带气候特征，以及高山小气候的地形特点有很大关系，山高谷深、林木繁茂、水汽充沛等天然天气条件造就了丰富独特的云海景观。保护和利用景区的云海和云雾景观，需要加强景区的植被保护力度，保持植被多样性和可再生性，并通过完善气象观测设施，掌握景区天气气候特征的变化规律，从而更好地发挥景区调解小气候的作用。

以避暑气候以及疗养气候等气候养生为目的的气候环境资源，表现为夏季凉爽、紫外线低、空气清新、水质优良、海拔适宜、生态环境优良等气候和环境优势，夏季避暑气候资源条件较好的旅游目的地主要分布在我国西南的云贵高原的贵阳、六盘水到昆明、丽江一线，东北的沿松花江的哈尔滨到佳木斯一线城市，及我国西部的部分高原城市。然而在云贵高原很多避暑目的地，同样面临自然灾害多发、生态环境脆弱等气候资源脆弱性，国家气象公园在挖掘旅游气象资源的同时，还应加强荒山绿地和石漠化治理，做好水土保持工作，提高森林覆盖率，提高旅游舒适气候资源可持续发展。

以风为动力驱动的松涛、山谷风等天气景观资源，造就了很多森林、山岳景区独特的旅游气象资源。气候观测资料显示，近50余年全国平均和大部分地区年平均风速明显减小，尤以风速大的地区减少更明显，不仅城市化造成风速减小，非城市化地区风速也呈明显减小趋势。应对旅游景区已经出现的天然风力气候变化特征，对松涛、山谷风等天气景观资源开发利用至关重要。参照气候资源保护与利用在通风廊道规划中的绿色生态理念，旅游景区应当对气候敏感区域设定气候资源保护范围，景区各类规划和建设项目应当充分考虑气候资源状况和可利用程度，避免或者减轻对气候和生态环境造成不良影响。

三、产业融合下的康养产业发展模式思考

大健康产业尤其是健康服务业将成为国民经济的支柱产业，按照"健康中国2030"规划，到2030年健康服务业将达到18万亿的产值。发展康养旅游、康养地产、养老地产已成为各地政府、开发商的重要发展方向，找准定位、选择特色化的康养业态、整合康养的核心资源，都已经成为产业融合发展需求下康养产业必须思考和解决的重要问题。

康养产业涵盖诸多业态，关联城市建设、生态环境、民风民俗、科技信息、文化教育、社会安全等众多领域，国务院先后出台了《关于促进健康服务业发展的若干意见》《关于促进旅游业改革发展的若干意见》等指导性文件，逐步形成了国家对康养产业的顶层设计。当前康养产业的发展，以加速医疗与养老、养生、旅游的融合最为关键。

康养小镇的开发正是旅养融合背景下，养老产业发展的可选路径和模式创新。康养小镇是指以"健康"为小镇开发的出发点和归宿点，以健康产业为核心，将健康、养生、养老、休闲、旅游等多元化功能融为一体，形成的生态环境较好的特色小镇。康养特色小镇是人类精神文明和物质文明发展的集中体现，在科技、资本以及政策的支持下将成为新常态下服务产业发展的重要引擎，康养小镇将迎来一个发展的黄金期。

依托优越的生态环境和气候条件，构建生态体验、度假养生、温泉水疗养生、森林养生、高山避暑养生、海岛避寒养生、湖泊养生、矿物质养生、田园养生等养生业态，打造休闲农庄、养生度假区、养生谷、温泉度假区、生态酒店/民宿等产品，形成生态养生健康小镇产业体系，让浙江多地在开发以健康为主的康健小镇的产业上，形成了功能明确、规模较大、产业特色鲜明、区位

化优势明显的康养小镇实践。

以原生态的生态环境为基础，以健康养生、休闲旅游为发展核心，重点建设养生养老、休闲旅游、生态种植等健康产业，一般分布在生态休闲旅游景区或者自然生态环境较好的区域。浙江平水养生小镇打造生态养生型特色小镇，境内青山叠翠，千岩竞秀，生态环境迷人，文化底蕴深厚，以建设"养生特色小镇"为发展目标。依托原生态的自然环境发展健康养生、休闲旅游等生态养生产业，积极培育和引导养生养老产业项目，吸引了国际度假村项目、中药养生会所项目、仙人谷养生养老项目等先后落户小镇，为小镇健康养生养老、休闲旅游提供了条件。

四、养生气候资源评估探索全域旅游新业态

气候是旅游环境的重要组成部分，同时也是一种重要的旅游资源，对旅游者出游的"决策行为"和"空间行为"起着举足轻重的作用。我国国土面积广阔，经纬度跨度大，海拔高差也很多，气候类型多样，养生气候资源丰富。

气候疗法是利用气候因子或经过改造的微小气候的物理、化学作用，对疾病进行防治的方法，也是锻炼身体，增强体质的良好措施。良好的气候疗养因子，在调节心理平衡、消除疲劳、矫治疾病、增强体质等方面起重要作用，对患有循环、神经、血液、呼吸系统等疾病的患者有较好的治疗和康复作用。气候因素对身体产生的潜在影响大致分为三大类，消极压力因素、积极刺激因素、积极保护因素。通过将身体暴露于刺激因素与保护因素环境下，并避免消极压力因素的影响，从而促进人体健康。当人体长时间内受到最少的压力因素干扰，且能够给人体带来积极刺激和保护性作用的因素占主导地位的气候类型，称之为健康气候。

避暑旅游是我国气候、健康和旅游融合发展的实践样本。通过避暑旅游气候优势的深入挖掘，贵州对标国家战略"大力开发避暑旅游产品，推动建设一批避暑度假目的地"，大力发展避暑旅游。贵州夏季是同纬度最凉爽的地区之一，为典型夏凉地区，由于云贵准静止峰、孟加拉湾暖湿气流以及地形的共同影响，形成了贵州大部夏季气温适宜、凉爽舒适，雨量充沛、多夜雨，日照适中、微风送爽的主要特征。同时贵州是山区省份，东、西部之间的海拔高差在2500米以上。立体气候带来了丰富的物种资源、旅游资源和避暑气候资源。贵州地处西南水汽通道上，雨量充沛，省内地形起伏，山川、河流、湖泊间或分

布。夏季降水量占全年降水的近一半，雨热同季。夜雨日数占降水日数的75.0%，夜雨过后，空气更为凉爽清新，适宜户外活动。近年来，"中国避暑之都·贵阳""中国凉都·六盘水"已成为贵州避暑旅游的"金字招牌"，加之威宁"贵州阳光城"、罗甸"贵州最佳避寒地"、花溪"一级气候养生地"、平塘"云上大塘·避暑茶乡"等一批气候旅游品牌，形成由避暑旅游辐射开来的全省生态旅游"集团化"品牌，在气候＋健康＋旅游方面的新业态做了积极探索。

养生气候适宜度评价，主要是通过建立生态气候养生相关指标实时监测系统，开展养生资源普查，根据养生气候类型特点，深入挖掘养生养老的生态价值。基于不同海拔高度的温度、湿度、负氧离子、灰霾气溶胶以及天气状况、物候现象等数据监测，评估舒适度指数、紫外线指数、负氧离子、氧含量等生态气候养生相关指标，为开展气象敏感性疾病风险评估、气象景观预报等提供数据基础，开展康养旅游地区的康养效应预报、健康气象指数预报服务。丽水市气象局在全国率先探索生态休闲养生（养老）规划和政策体系研究，形成"气养""食养""药养""水养""体养""文养"六大特色养生品牌的科学依据。

在德国人对气候的理解中，气候由多种因素组成，这些因素或给生命体造成压力与负担，或让生命体得到更好的养护和激活。例如，寒冷且有雾、潮湿闷热的气候，被认为很糟糕，不利于身体健康；太阳温和，能够提供充足的紫外线天气，则被德国人视作最好的一天。

所以，德国健康气候的定义是：根据疾病和个体体质，德国将积极刺激因素和保护因素应用于健康气候养疗中，提升人体的免疫力。

气候疗养在国内是个新课题，因为我们对气候的关注一直都在产业和生活上。而在国外气候疗养已成一定体系，在德国发展气候疗养的案例上，我们可以借鉴德国对疗养基地的评估认证体系以及多样化的步道设计。

良好的生态环境，就是一种先进的生产力。森林覆盖率达到59.08%、空气质量优良天数保持在350天以上、年均负氧离子浓度达3000个/厘米^{3}的石柱，正在走一条"转型康养·绿色发展"的新路子。

石柱县拥有黄水国家森林公园、大风堡原始森林、千野草场、七曜山国家地质公园、藤子沟国家湿地公园等一大批优质原生态自然景观。得益于这些良好的生态资源优势，石柱荣获"中国天然氧吧""中国（重庆）气候旅游目的地"称号。这不仅为"风情土家·康养石柱"的绿色崛起添砖加瓦，也是将气候资源转化成"康养石柱"的发展动能。此外，针对特色农产品莼菜，石柱县气象局积极开展农产品气候品质认证工作，提升其市场竞争力和产品附加值。

重庆享有"世界温泉之都"之美誉，在这里，气候与温泉更是一块养生旅游的"金字招牌"。

目前，重庆正尝试打造两个"气候养生"项目，一个是"世界温泉谷"，一个是"高山气候养生集群"。世界温泉与气候养生理念在重庆相遇、相知并融合发展，既是贯彻落实"健康中国"战略的重要举措，又满足了人民寻求身心健康的需求。

移动互联背景下加强微博在气象服务中的应用与思考

徐军昶　刘敏茹　刘聪

（西安市气象局，西安 710016）

天气预报与人们生活息息相关，随着国民经济和社会的快速发展，特别是在灾害性天气来临时，对气象工作提出了更高的要求，对公共气象服务的需求愈加强烈。如何将气象信息第一时间传播到公众手中，是气象部门一直致力于解决的"最后一公里""最后一小时"问题。融媒体在扩大信息传播范围的同时，也加快了信息传播速度。据不完全统计，以微博为例，微博客户端发布的一条消息，仅需 30 秒就可以被全球微博用户所接收，在 18 分钟左右就能够将点击率上升到 200 万人次（张恒，2017）。可见，融媒体平台可以极大地加快气象信息传播速度。在气象信息领域，融媒体为其提供了新传播途径，如对地震、泥石流等地质灾害频发地区而言，及时获取天气预报信息是非常重要的。

随着移动互联网的迅猛发展，自 2011 年起，中国气象网、中央气象台、中国天气网、中国气象频道以及大部分省、市级气象部门纷纷开通官方微博（高晓斌等，2011）。近些年，抖音、快手等自媒体又快速崛起，并快速吸引大量粉丝关注。但微博以其涉及面广、参与者众、现场感真、互动性强、信息发布迅速等优势在媒体中占据重要位置。习近平总书记在新中国气象事业 70 周年重要指示中提出气象要"监测精密、预报精准、服务精细"（中国气象局，2020）。因此，在移动互联背景下，微博在气象服务中的应用与进一步发展值得我们思考。

一、气象部门微博在气象服务中的应用现状

目前，除了可以通过电视、广播、短信、报刊、户外显示屏等为代表的

传统媒体发布气象信息，中国气象局，各省气象局，大部分地市、县（区）气象部门都有了自己的气象APP、官方微信公众号、官方微博，及时发布各种气象信息，并取得了很好的成效。据不完全统计，目前在新浪微博平台上通过官方认证的前100名官方气象微博，2020年8月的影响力指数都超过了50分，其中最高的前三名分别是深圳天气85.9分，中国天气85.5分，中国气象科普82.7分。而粉丝最多的中国气象局有粉丝444万，影响力81.9分，排名第五，与前三名差距不大。

统计发现，这些排名靠前的气象微博都有明确的运营理念和定位，都把信息的准确性、权威性、独特性、趣味性和科普性融为一体，积极传播正能量，充分发挥了公共气象服务和防灾减灾的积极作用。但与此同时，大部分气象类网站、微博、微信、抖音账号仍在"微流量"状态下运行，关注度低、更新慢、影响力有限。特别是区、县气象局的官方微博、微信，粉丝数大都在几千人徘徊。而随着基于数据挖掘的推荐引擎产品"今日头条"、音乐创意短视频分享平台"抖音"等平台用户的快速增长和深入人心，如今，气象部门也将部分传统业务服务拓展到了这些平台，通过平台将气象预报预警、气象科普知识传播给广大受众。在注意力和流量日渐成为稀缺资源的时代，如何获得公众的主动关注，成为公众气象融媒体服务中亟待破解的一道难题（赵西莎等，2019）。

二、西安气象微博的实践

2011年7月21日，以西安世界园艺博览会举办为契机，西安市气象局官方微博"西安气象"新浪微博正式开通，至今已经发展了近10个年头，受到高度关注与好评。至2020年8月，西安气象微博粉丝达到74.2万（图1），影响力68.7分。与全国气象类官方微博前五名有一定的差距，但在西部省市中，仅次于陕西气象（73.5分，排名17）、成都气象（71.6分，排名28）和重庆天气（72.1分，排名23）。2017年，"西安气象"新浪微博荣获中国气象学会第十届"全国优秀气象科普自媒体"称号，成为西北地区首个获此殊荣的气象类融媒体账号。

（一）筑牢根基，做好气象服务主业

高影响天气驱动，依然是气象类微博的主要粉丝增长源。2020年，全国极端天气气候事件频发，从"五一"的高温到6月初的南方暴雨导致的洪水，甚

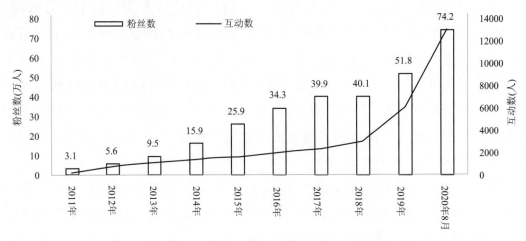

图 1 "西安气象"新浪微博粉丝数和互动数变化图

至长江三峡都因上游来水凶猛,超过防洪警戒水位 2 米,6 月底,北方新疆大雪,7 月北方暴雨不断。

就西安来说,今年也出现了极端天气,全市 1—3 月平均气温 6.1℃,与历年同期比较偏高 2.2℃,属显著偏高年份。7 月平均降水量 123.9 毫米,与历年同期相比偏多 2 成。其中西安市区月降水量 177.3 毫米,与历年同期比较偏多近 8 成。月内一日最大降水量 71.4 毫米,出现在 7 月 10 日市区,在 1961 年以来 7 月日最大降水量历史排名中为第七。全市区域自动站降水量分布不均,大于 200 毫米的站点有 3 个,分别为蓝田蓝桥和洩湖,周至西骆峪水库;大于 150 毫米的站点有 28 个,其中西安市区 7 个,蓝田 6 个,临潼、周至各 5 个,灞桥 4 个,高陵 1 个,最大降水量为周至县西骆峪水库(210.1 毫米)。以 2020 年 7 月 10 日下午气象微博服务为例,从 7 月 10 日 13 时 45 分气象台发布短时临近预报开始,到暴雨橙色预警信号的发布,再到暴雨结束,通过西安气象微博共发布 20 余条信息,其中"下雨啦"短视频微博阅读量 11 万、雨情通报微博阅读量达到 7 万。粉丝日增长率达到 1.2 万。而截至 2020 年 8 月底,新浪微博阅读量超过 1.4 亿次,粉丝已突破 74.2 万,较 2019 年增长 22.4 万,增长幅度达到 43.2%。

(二)注重内容原创,本地化深度科普文章关注度高

在互联网广泛传播的背景下,信息可以大量被复制、分享和利用,但信息内容的同质化非但无法吸引公众关注,反而会对已有品牌和影响力产生负面影响。据调查统计,西安老百姓希望气象信息服务手段更为现代化多样化占比

67%、希望加大普及气象科普力度占比 47%①。基于调查结果，西安市气象局率先尝试从思维理念、内容生产和渠道拓展三个维度与新媒体深度融合，进行有益的尝试和探索。

2020 年 7 月 21 日，"西安的夏天为什么这么凉爽多雨？西安进入防汛关键期"全方位宣传：微博头条文章《西安进入"七下八上"防汛关键期预计降雨偏多需提早防范》经过新浪政务推广，阅读量大增，阅读量 27.1 万。2020 年 7 月 22 日，《权威解读：盛夏西安凉爽多雨？影响主要来自强盛的西太平洋副热带高压》阅读量 2.9 万。而 2020 年 8 月 31 日，西安市民的朋友圈被"晒白云"照片突然霸屏。从官方媒体"西安发布""陕西发布"到抖音新晋网红"四川观察"，都对西安市的蓝天白云进行了多角度报道。♯西安天空出现奇异云层♯话题微博登上全国微博热搜榜单、♯西安出现漫画云♯则打入本地热搜榜单，两者阅读量总和达到 9800 万。"西安气象"官方微博的"晒云"阅读量也超过 30 万，被媒体冠以"西安官方认证好云"。可见，公众对具有地方特色、原创有深度的微博关注度很高（罗慧等，2018）。

（三）与"唐妞"和"秦风小子" IP 强强联合，依托品牌效应，实现优势互补

"唐妞"由西安桥合动漫科技有限公司设计，是以陕西历史博物馆的唐朝仕女俑为原型，糅合西安十三朝古都的历史文化底蕴，以历史情怀为切入点，打造出的独特卡通人物。经过一系列推广宣传，"唐妞"受邀参与了 2016 年央视猴年春晚西安分会场、中国博物馆博览会、香港亚洲授权展、海峡两岸动漫节、丝路文化艺术节等多项展览和活动，成为目前陕西乃至全国的文创领域颇具影响的原创 IP 形象之一。"秦风演义"中的"秦风小子"是西安唐煌文化艺术创作有限公司以秦兵马俑及先秦文化资料为依据创作的一组动漫形象作品，由五个动漫形象组成，分别代表将军、士兵、文吏、琴女、秦马，其中，将军的动漫形象称为"秦风小子"。秦风系列给秦兵马俑形象注入了当代美术元素，将传统与时尚自然融合，外观上强化特征，细节概括夸张，使得系列形态特点鲜明，生动可爱。

2016 年 8 月起，西安市气象局与首批西安国家级文化和科技融合示范基地示范园基地——陕西动漫产业平台开展合作交流，借助动漫产业平台在全国颇有影响的文创品牌，利用陕西得天独厚的文化资源以及主创团队精良的动漫设

---

① 数据来源于新浪微博.［2020-09-10］. https：//weibo. com/xianweather? is _ all＝1。

计资源，共同做好融媒体气象服务，逐渐得到了广大网友的好评和追捧。西安气象微博、微信、公众号、抖音携手漫画家们陆续推出"唐妞报天气"、秦风小子"图说节气"等专栏，在双方的微博、微信等成功上线。在推进双方合作共赢的同时，更是让西安天气预报有声、有影、有形、有"代言明星"，也就有了更多的亮点和看点。通过老少皆宜、喜闻乐见的形式，用融媒体方式，以读图、看短视频为主做好公众气象服务，使服务方式实现从线性传播到网状传播，实现从大众传播到大众自我传播。经过西安市气象局、漫画家、合作的动漫产业平台共同努力，西安气象微博、微信受关注程度不断提升，服务更迅速，气象科学知识普及率走高，粉丝增长迅速，由 2015 年的 25.9 万迅速增长到 2016 年的 34.3 万，增幅 32.4%（图 1）。

（四）打造西安地域及行业新媒体矩阵，形成传播合力

微博用户是"背对脸"的跟随交流，其传播广度随着关注者增加（转帖效应）而呈几何级数增加，基于微博的这种爆炸性传播特性，2018 年开始，西安气象积极打造西安地域及行业新媒体圈，到 2019 年底，已与西安发布、西安交警、西安零距离、西部网、西安电视台官方微信公众号、陕西头条等媒体形成常态化合作的地域新媒体圈，并利用行业优势，加入中国气象局旗下的行业合作圈。"西安气象"品牌效应显现，气象服务影响力不断扩大，文章阅读量提升迅速。吸引了粉丝关注，扩大了影响力。例如，在粉丝只有 74 万的情况下，2020 年 8 月 7 日，"西安发布红色暴雨预警"单条微博阅读量超过 369 万。

三、移动互联背景下加强微博在气象服务中进一步应用的思考

全媒体时代，公众气象服务借助融媒体、新媒体走好融合发展是必由之路。如何与时俱进，利用好全媒体融合，尽快拓展新领域，尤其是提高在青年群体中的市场占有率，为公众提供更快、更准、更优的民生类气象服务产品，是全媒体时代下，公众气象服务发展的关键所在[①]。而微博以其显著的优势，在气象信息传播、气象防灾减灾科普宣传等方面还将继续发挥重要作用。

（1）弯道超车，微博可以有效弥补西部地区与发达地区的气象服务发展差距。"互联网＋"政策促进效应将促推微博成为传播服务主阵地，微博矩阵是发展趋势。利用地域及行业微博矩阵，借助移动互联及大数据东风，推广地市

---

① 新浪微博.［2020-09-05］. https：//gov. weibo. com/rank/hangye/rank？ area＝qixiang&datetype＝3&type＝1。

级乃至区县气象部门微博服务可以为偏远地区的政府部门及公众提供与发达地区同优质的服务,利于弥补欠发达地区与发达地区差距的数字鸿沟。移动互联网背景下微博克服了空间地点的约束,以越来越庞大的用户群体基数、创新的服务体验以及超低的入门门槛体验必将成为气象部门服务方式的首选。

(2)内容为王,气象信息深度解读和深入浅出表述有利增加关注。微博用户倾向于阅读有内容、有深度,同时声情并茂、交互性强的信息内容。气象部门在运用"互联网+气象"模式时,多以"三段式"固定结构的传统气象新闻报道为主,即"天气事件描述+产生的主要影响+未来预报及提示",宣传形式单一,且对气象信息的描述语言过于"专业化",新媒体用户在阅读这类信息时很难完全理解而无法产生兴趣,以至于阅读一半甚至一个开头就会放弃,无法吸引受众,气象信息的传播效果因此大打折扣,导致粉丝量停滞不前,无法突破。而紧抓热点的深度解读天气事件,图文并茂深入浅出的表述有利于吸引更多粉丝阅读、互动和转发。

(3)互动交流,有利留住"铁粉",增加忠诚度。增加和粉丝的互动是进行气象微博建设的重要手段和途径,在气象微博信息发布之后应该和粉丝进行及时沟通和交流,耐心解答粉丝提出的问题,即使是批评的建议也应该虚心地接受。如果粉丝提出意见和建议,应该及时地归纳总结,并且提出有针对性的解决方案。此外,还应该定期和粉丝进行互动交流,如进行气象知识比赛、进行气象信息的征集、通过奖励小礼物提升粉丝的参与力度。特别是可以利用"3·23"世界气象日、"5·12"防灾减灾日、"科技宣传月"等时间节点,吸引粉丝关注。这样,非常有利留住"铁粉",增加其忠诚度。

(4)人才第一,重视对气象微博团队的建设至关重要。在气象微博运行的过程中,人才起着关键作用,只有专业的人才能够提升运行的科学性。重视对气象微博员工的技术培训和指导,提高整体的素质,吸引更多的优秀人才到气象微博的建设和开发中。微博等新媒体是年轻的行业,也是年轻人的强项,年轻人更容易掌握"萌言萌语"。除了"萌",还需要专业支持。例如:为确保气象信息的准确性,"深圳天气"背后除了预报员根据天气情况负责图文和发布第一手天气资讯,还会参照一些专业书籍,例如《天气学原理》《卫星和雷达气象学》等参考书和网上的专业论坛,来挖掘更多更好的专业微博内容(谢坤等,2015)。

参考文献

高晓斌，翟娟，闫靖靖，2011.气象微博在陕西公共气象服务中发挥的作用 [J].陕西气象（6）：40-42.

罗慧，毕旭，徐军昶，等，2018.西安气象现代化建设和气象服务 [M].北京：气象出版社：272.

谢坤，陈申鹏，2015.从"深圳天气"微博和微信维护谈新媒体的气象服务 [J].广东气象，37（1）：59-61.

张恒，2017.浅析全媒体时代农业气象信息的有效传播 [J].黑龙江气象（9）：25-26.

赵西莎，唐智亿，徐军昶，等，2019.由唐妞、秦风小子"报天气"谈公众气象融媒体服务新思路 [J].陕西气象（4）：60-63.

中国气象局，2020.局党组深入学习贯彻习近平总书记重要指示精神 [EB/OL].[2020-01-02].http：//www.cma.gov.cn/2011xzt/2020zt/qmt/20200102/.

5G 时代气象媒体融合的发展与服务创新

刘　珺　　张寅伟

(华风气象传媒集团有限责任公司，北京 100081)

一、引言

5G 是数字化战略的先导领域，是经济社会数字化转型的关键环节，首先改变的是媒体。2018 年底开始，中央广播电视台、新华社、人民网等主流媒体纷纷抢占布局 5G，将新技术创新应用于新闻报道中。2020 年初，24 小时不间断的 5G 直播被首次应用于对"新冠"疫情防控进展的新闻报道中，多角度场景、多形态内容、随时随地、永远在线的优势，使公众可在第一时间了解抗击疫情的最新动态，以最直接的方式获取最真实的信息。5G 在抗击疫情宣传报道中的综合运用，体现了 5G 网络传播高速率、低时延、大容量的技术特性和网络优势，可谓典型的 5G 新媒体新闻形态，也是 5G 时代新闻传播媒体融合创新的一次成功尝试。对于气象媒体而言，5G 环境的变化将给媒体融合升级和服务创新带来新机遇和新挑战。

二、 5G 技术给气象媒体带来的优势

在媒体融合发展过程中，技术是创新应用的基础。5G 时代将实现物联网、大数据、人工智能的协同发展，并进一步促进媒体深度融合，带来更丰富的传播内容、更高效的生产速度以及更清晰的音视频观看体验。5G 技术是气象媒体行业一个全新的发展契机和抓手，是推动广播、电视、网络媒体和传播技术实现跨越式融合发展的重要引擎，更利于气象资源整合、协同高效、融合传播力提升。相对于 4G，5G 技术给气象媒体带来五大明显优势。

一是新闻生产效率更高。5G 时代的技术可大幅提升气象新闻生产、分发效率，为直播提供强有力的技术支撑，提高新闻传播时效性。尤其在气象灾害

直播报道中，气象主播可随时随地开启直播，5G 可针对性地解决过去视频大数据量传输、实时存储、信号中断、画面卡顿等问题，实现多线路记者超高清视频的高速移动化和实时播放，超千万公众可同步收看灾害现场最新动态，实现防灾减灾信息快速有效地传播，提高公众防灾减灾意识。

二是智能化服务能力更强。在 2020 世界人工智能大会上专家表示，5G 将使 AI 更泛在，AI 让 5G 更智能。5G 网络与 AI 技术结合可加速气象产品智能化转型，利于创造出更多个性化、精准化、定制化的智能气象服务产品，搭建智能融媒体服务平台，更好地满足媒体发展及公众需求。

三是用户体验更好。借助 5G 可提升气象节目的画面质量，改变为基于 4K \ 8K \ VR \ 全息等体验形式为主导的"体验式"传播形式。5G 时代网速更快，超高清视频等更为流畅，视觉体验升级，尤其将虚拟天气场景和现实环境相融合，顺畅、高清晰度体验将给公众带来更多沉浸感。

四是创新服务模式。5G 时代将促进气象媒体突破以往传统的服务模式，与其他行业广泛深入地开展跨界合作，孵化以市场为导向、资本为纽带的创新服务产品，传播内容跨界融合，实现商业变现。

五是安全性更高。5G 可通过网络切片和边缘计算技术保障海量气象数据实时处理和传输，满足气象媒体多部门综合数据对通信网络的需求，加强数据共享能力，高效而安全。

三、 5G 时代气象媒体传播生态的新变化

5G 技术上的优势正在深层次改变气象媒体的传播生态，包括气象新闻生产逻辑、气象新闻呈现方式，进而影响气象新闻内容及渠道分发，突破传播终端介质对内容形态的局限，形成真正的全媒体融合发展态势。在 2020 年疫情防控的特殊背景下，视频直播在气象领域中的应用逐渐广泛和深入。无论是针对台风、暴雨等重大灾害性天气过程，还是聚焦社会热点事件报道，甚至延展到中国气象局新闻发布会、气象科普活动、气象服务及产品推广、全国各级气象部门远程学习培训等，线上视频直播似乎成了气象业务发展中的"新标配"。气象媒体从以往的"跑采访"，到如今把会场延伸到云端，网络技术促使气象报道内容更丰富、服务形式更多元化，而视频直播模式也在气象媒体业务中"常态化"，成为流量"新入口"。

(一) 报道内容更丰富

5G 促使视频直播兴起,流式视频的内容形态、海量用户的个人发布以及垂直领域的应用场景,是直播平台对移动宽带网络技术特性与优势的最集中体现,也是兴起的主要原因。近几年,气象媒体也纷纷加大视频直播频次,创建直播栏目,增设单独的视频直播页面,优化视频报道流程,发挥专业领域优势在直播内容、报道手段、运营模式上不断创新,特别是在重大灾害性天气报道和气象热点事件服务中已初见成效。

以中国天气网为例,2020 年 6 月 21 日开启的"太空天眼追日食"视频直播,首次以 14 路信号不同视角多窗口的形式呈现日环食全过程的实时画面,包括有独家视角"太空天眼"——风云气象卫星拍摄画面;最佳环食观测点的西藏阿里、福建厦门实时信号;实景天气产品展示日食下山河湖海的景观变化;还有最专业的空间天气观测站实时回传日食影像解读,国家空间天气预报台首席预报员、中国天文学会会员等"大咖"全程解读。直播内容的硬核实力得到了 32 家重量级媒体平台宣推,吸引超千万人观看。其中在快手平台创新推出多链路直播间,将演播室信号、西藏阿里信号、北京天文望远镜画面在同一直播间以多视角同屏形式展现,公众可自由选择喜欢的视角观看,大幅提升公众观看体验。直播过程中,金边日环食高清视频还引发全民刷屏祝福,给公众带来一场有温度的直播。直播丰富的内容和与生俱来的时效性优势、真实性特征,助力日环食报道总浏览量破亿,创网站新高。

视频直播的服务形式更像是一场视听盛宴,不仅内容丰富、形式多元化,还增强了主播与观众之间以及观众之间的互动性、参与感、体验感等,从而提升气象服务报道质量,成为气象媒体流量的"新入口"。这是 5G 时代内容格局、流量格局变动的最大趋势。

(二) 服务形式更多样

技术创新驱动更多融媒场景和服务形式落地。随着 5G 的到来,可以说是迈入了"直播+"的时代,演播室不再是唯一的直播地点,气象主播可根据天气形势随时随地开启直播,直播的形式也被应用于世界气象日、防灾减灾日、气象助农、气象科普等各类活动和场景中,通过快手等平台开展短视频、直播的业务创新。2020 年 4 月开始,每天早上有 3～4 名气象主播在快手平台上开启早间天气服务直播,通过自媒体直播矩阵解析当天重点天气、预警预报信息、交通出行天气、气象为农服务等内容,为网友提供一对一的交互式气象服务。这是气象媒体融合的创新服务形式,将全国各地专业的气象主播形成MCN(多频道网络的产品形态)矩阵,开办《"快"说天气》日播栏目,特别在重大天气气候事件报道中发挥着重要作用,提升公众对天气的关注。例如2020年6月南方出现暴雨洪涝灾害,主播们每天从不同角度、不同风格针对南方降雨趋势、水情变化、防御科普等有节奏地进行特色直播,得到网友广泛关注。从早间直播常态化到24小时不间断直播,5G正在不断改变气象媒体的服务形式,开拓新的应用场景,推动气象媒体应用"泛视频化"的发展。

气象助农一直是气象部门大力推广的重点工作,2020年疫情期间,气象部门多次开展气象助农直播活动,打破传统媒体机构和电子商务机构之间的壁垒,在升级"直播带货"新业态的同时,赋能气象助农扶贫服务新模式。通过明星宣传、公众号推荐、网络推广、电商销售等多种形式,拓宽销售渠道,助力农民增产增收。在技术条件和网络环境保障下,气象直播的表现形式得到极大创新与突破,应用场景也得到丰富与拓展,这是气象部门首次将气象服务与电商结合,首次在直播中设置抽奖、试吃、制作美食、限量抢购等形式促进消费,从线上代言销售到线下发货运输,气象部门全流程参与,开拓气象助农扶贫服务的新模式。"直播带货"推动气象媒体传播打开新思路,让内容生产更加贴近用户,开掘更多发展的可能性,为未来气象传媒品牌的增值与盈利渠道的扩展打下良好基础。

5G视频直播是5G最直观的应用,未来媒体MCN化、MCN产业化是趋势,信息传播将更多地以视频为表达方式和表现形态,5G+AR/VR+4K/8K等超高清网络直播将成为主流。气象媒体应深耕气象这一垂直领域的内容生产与分发,输出个性化、差异化、具有气象特色的优质内容,尝试新技术拓展服务形式,矩阵内打造气象大V,提升品牌价值。

四、 5G环境气象服务产品形态的变化

数字化的虚拟环境深刻改变了人们对各种天气现象和气象灾害的认知习惯,改变了人们对现实与虚拟之间的互动方式,不光从气象科普知识的角度扩宽了了解天气的方式,而且从感官上也挑战了人们感官互动的极限。网络技术正在悄然改变气象服务产品的形态。

(一) 气象影视节目

从早期简单的手工制播作业,到今天运用世界最先进的数字化制播设备实

时提供，网络技术的演进及其升级，使得气象影视节目的服务产品不断升级。如今的《新闻联播天气预报》，更多采用的是高科技气象服务产品，例如风云四号卫星云图、新一代天气雷达、逐小时降水和气温预报、强对流概率预报等产品；不仅如此，还引入了形势场、流场、风场、风速等模式产品，OCF（气象服务精细化多模式集成预报产品）等前沿服务产品。在技术的推动下，影视媒体团队还根据各类节目需求，研发出一系列虚拟图形图像产品，包括科普类、图标类、文字信息图解化等类型，将天气的真实场景生动呈现在演播室里，应用于灾害天气、春运保障、体育赛事等服务报道中，增加气象节目的可视性。产品的新形态不仅丰富了气象科普及服务表现形式，还灵活应用于各类直播场景增强交互性，让气象影视节目展现出更多的新鲜感和趣味性，提升收视率。

每年的"两会"都是各路媒体的"竞技场"，近年关于两会的新闻产品例证了通信技术进化背景下媒介形态、产品形式的变迁。像是 2020 年新华社推出 5G 的全息异地同屏系列访谈，人民日报利用 5G＋AR 采访眼镜进行现场直播等，都给人耳目一新的感觉。受传输网络、终端设备、生产成本等条件限制，虚拟现实气象节目还停留在初级阶段，而借助高速率、大容量、低延时的 5G 网络，未来有望实现整个演播室场景完全虚拟化呈现，尤其是针对台风、龙卷、暴风雨、暴雪等极端天气的解读，能使突发天气新闻的报道更加直观、生动；甚至引入虚拟人物等方式，建构立体、真实、多维、感官的新闻场景，实现跨越时空的"面对面"访谈，从而改变交互方式，带来全新的视听和交互体验。

未来 5G 技术将大幅提升大屏气象产品的分辨率、色彩空间等元素，助力建立智能图形模版，实现大屏小屏互融共通，跨屏互动将成为常态。而如何利用 VR 推出 360 度全景沉浸式天气预报服务、利用大屏属性将实时虚拟现实直播常态化、增设 AI 虚拟主播、虚拟现实新闻产品线等还需气象媒体不断探索和实践，5G 网络将为影视媒体创新产品形态、优化用户体验带来更多可能。

（二）APP

天气类 APP 的竞争核心在于准确的天气预报和优质的服务产品，也是天气类 APP 发展的核心，以及参与市场竞争的基础。随着网络升级，"泛在＋感知"的智能气象服务成为 5G 发展的技术趋势，天气类 APP 不仅要采集社会化气象信息、感知服务用户的气象需求，还需要通过智能移动终端为用户提供基于用户位置和需求的个性精准、高端定制的天气服务。气象媒体开始研发新的APP，2019 年底推出一款可定制的管家式天气服务 APP——天气管家，它基于大众生活轨迹，围绕通勤、差旅、老人和低龄孩子四类主要场景及人群，智能化、智慧化向用户提供天气变化推送行事建议、生活参考、风险天气评估等服务信息，可满足用户个性化需求，按需自动智能推送全场景智慧气象服务，未来还将持续更新迭代。而目前各种"超级 APP"、应用市场、浏览器等入口让流量变得越来越碎片化，如何根据气象产品定位和特性留住用户，是气象媒体面临的现实问题。

APP 作为连接用户与场景的核心载体，对于气象媒体而言，首先要提升产品"适配场景"能力，理解特定场景中的用户需求，推出与用户需求相适应的内容或服务。未来移动气象 APP 将以"5G＋AI"模式发展，气象产品的"入口"会围绕家庭、个人、车载的使用场景进行构建和不断延展。可以预见的是，将气象服务与智能语音播报结合具有良好的发展前景，气象媒体可根据不同时间、位置、用户喜好为判断依据，提供衣食住行一体化的气象服务提示，实现场景化、智能化传播。5G 将为智慧气象发展注入新动力。

（三）小程序

不可否认，微信"小程序"正在逐渐取代 APP 而成为用户使用的主要应用形态。"小程序"无需下载、不占用内存，通过内嵌在其他软件中与用户建立了更加方便、快捷的连接方式，尤其在疫情期间被广泛应用。5G 网络特点和性能优势将会进一步弱化用户对终端的功能性需求，云端应用形态也会越来越普及，小程序或将成为 5G 时代的重要服务媒介。目前气象媒体已开始针对特殊人群、个性用户研发小程序形态的气象服务产品，未来小程序或将成为气象产品的新入口和应用形态。

（四）网站

信息技术的介入打破了气象传媒的原有边界，促进气象媒体与相关行业的跨界融合，做内容产品、合作模式的"破圈者"。2020 年 5 月，中国天气网联合稚优泉化妆品推出首个跨界联名产品"台风眼"眼影；首次与百度输入法推出"天气皮肤"等，都是融入天气元素，极具创意的跨界合作产品。日常策划的原创新闻产品，也开始尝试软文植入广告及品牌冠名，通过报道内容、服务产品与商业植入巧妙融合，实现商业变现。

面对 5G 时代短视频的发展趋势，网络媒体应结合自身定位与市场需求，注重研发短视频类产品，创建数据可视化模板，通过数据可视化视频工具，将气象数据制成视频，例如暴雨分布地图、洪涝灾害地图以及降雨量预警排名等，助力媒体更快地发布相关视频报道；同时优化生产分发链条，提升产品的社交属性，促进用户的主动参与、主动分享。

优质的内容与优秀的运营是相互成就的，缺一不可。产品生产消费形式和营销模式离不开"内容驱动＋数据赋能＋场景匹配"，用内容驱动产品营销，但营销植入要恰到好处、精准匹配，不影响用户体验；同时产品分发平台应是多元化的，矩阵式传播，包括话题预热、用户调查等，分发频率应是有路径、有节奏的，将内容与运营融合，建立一套长效的气象产品生产、分发、营销机制尤为重要。未来气象媒体可尝试依托新技术打造具有气象特色的产品创新平台，"智造"一系列气象融合产品，建立智能创作、智能加工、智能运营、智能推荐等流程，从内容智能到传播智能，形成全链条的智能化系统。

5G发展带来的技术革新，实现了从"人联网"到"物联网"的转变，也使得"场景"成为重要因素之一。目前已有机构自主研发灾害报道机器人，可针对台风、洪涝、地震等灾害场景进行自动播报，智能匹配气象数据，利于媒体挖掘新的报道角度，助力媒体高效、高质地做好灾害报道。在万物皆媒的时代，5G将让气象产品的生产与呈现、气象服务模式存在无限可能，还将催生出更多新需求，创造出更多新业务和新模式。例如，为贫困地区打造一批"气候好产品"、开发特色旅游景观产品等，探索跨界营销新模式，从内容运营、商业化两个方面推进气象媒体融合向纵深发展。

五、结语

从某种意义上来说，如果说4G改变了生活，那么5G将改变社会、改变行业。4G时代，To C（个人用户）流量占80％，5G时代，To B（行业和企业）和To S（社会效率）流量占80％，这也是5G改变社会的主要原因。新技术的注入、新模式的应用，改变了气象媒体的传播内容、服务形式与产品形态，促进新兴媒体与传统媒体加速融合发展和服务创新，公众可通过最新的技术应用，沉浸式体验天气现场，感受智慧型的气象产品，有效提升了气象媒体服务能力。短视频、直播与智能化、个性化传播等内容传播形式，将逐渐成为未来气象媒体融合发展的新趋势；而更富现场感、更了解用户、更多样化的内容传播形式也将成为媒体长远发展的关键所在。

以 5G 通信技术为底层支撑的信息社会，将为气象全媒体传播创造崭新的生态环境，在技术支持、业务发展、市场环境以及服务模式等方面提供新的发展机遇。气象媒体应以"十四五"智慧气象发展规划为契机，拓展 5G＋智慧气象应用场景，研发适应 5G 新需求的气象产品，创新服务模式，占领气象信息传播制高点；同时不断提升融合传播力，多举措助力气象防灾减灾，满足社会发展及人民生活需求，从融合媒体向智慧媒体升级换代。

参考文献

崔燕振，陈洲，2019.大视频时代电视媒体覆盖发展与融合传播价值探究 [J].现代传播（2）：12-13.

段鹏，文喆，徐煜，2020.技术变革视角下 5G 融媒体的智能转向与价值思考 [J].现代传播（2）：30-31.

郭全中，2019.5G 时代传媒业的可能蓝图 [J].现代传播（7）：4-6.

李华君，涂文佳，2020.5G 时代全媒体传播的价值嬗变、关系解构与路径探析 [J].现代传播（4）：2-3.

刘庆振，2019.洞察 5G 时代传媒产业变局做好终端层与内容层布局 [N].中国新闻出版广电报.第 6 版.

刘珊，黄升民，2020.5G 时代中国传媒产业的解构与重构 [J].现代传播（5）：2.

卢迪，邱子欣，2019.5G 新媒体三大应用场景的入口构建与特征 [J].现代传播（7）：8-10.

卢迪，邱子欣，2020.新闻"移动化"与直播"常态化"：5G 技术推动新闻与直播深度融合 [J].现代传播（4）：8-9.

附录　最新气象产业相关国家政策法规

附录1 中共中央 国务院关于营造更好发展环境支持民营企业改革发展的意见
（2019年12月4日）

改革开放40多年来，民营企业在推动发展、促进创新、增加就业、改善民生和扩大开放等方面发挥了不可替代的作用。民营经济已经成为我国公有制为主体多种所有制经济共同发展的重要组成部分。为进一步激发民营企业活力和创造力，充分发挥民营经济在推进供给侧结构性改革、推动高质量发展、建设现代化经济体系中的重要作用，现就营造更好发展环境支持民营企业改革发展提出如下意见。

一、总体要求

（一）**指导思想。** 以习近平新时代中国特色社会主义思想为指导，全面贯彻党的十九大和十九届二中、三中、四中全会精神，深入落实习近平总书记在民营企业座谈会上的重要讲话精神，坚持和完善社会主义基本经济制度，坚持"两个毫不动摇"，坚持新发展理念，坚持以供给侧结构性改革为主线，营造市场化、法治化、国际化营商环境，保障民营企业依法平等使用资源要素、公开公平公正参与竞争、同等受到法律保护，推动民营企业改革创新、转型升级、健康发展，让民营经济创新源泉充分涌流，让民营企业创造活力充分迸发，为实现"两个一百年"奋斗目标和中华民族伟大复兴的中国梦作出更大贡献。

（二）**基本原则。** 坚持公平竞争，对各类市场主体一视同仁，营造公平竞争的市场环境、政策环境、法治环境，确保权利平等、机会平等、规则平等；遵循市场规律，处理好政府与市场的关系，强化竞争政策的基础性地位，注重采用市场化手段，通过市场竞争实现企业优胜劣汰和资源优化配置，促进市场秩序规范；支持改革创新，鼓励和引导民营企业加快转型升级，深化供给侧结构性改革，不断提升技术创新能力和核心竞争力；加强法治保障，依法保护民营企业和企业家的合法权益，推动民营企业筑牢守法合规经营底线。

二、优化公平竞争的市场环境

（三）进一步放开民营企业市场准入。 深化"放管服"改革，进一步精简市场准入行政审批事项，不得额外对民营企业设置准入条件。全面落实放宽民营企业市场准入的政策措施，持续跟踪、定期评估市场准入有关政策落实情况，全面排查、系统清理各类显性和隐性壁垒。在电力、电信、铁路、石油、天然气等重点行业和领域，放开竞争性业务，进一步引入市场竞争机制。支持民营企业以参股形式开展基础电信运营业务，以控股或参股形式开展发电配电售电业务。支持民营企业进入油气勘探开发、炼化和销售领域，建设原油、天然气、成品油储运和管道输送等基础设施。支持符合条件的企业参与原油进口、成品油出口。在基础设施、社会事业、金融服务业等领域大幅放宽市场准入。上述行业、领域相关职能部门要研究制定民营企业分行业、分领域、分业务市场准入具体路径和办法，明确路线图和时间表。

（四）实施公平统一的市场监管制度。 进一步规范失信联合惩戒对象纳入标准和程序，建立完善信用修复机制和异议制度，规范信用核查和联合惩戒。加强优化营商环境涉及的法规规章备案审查。深入推进部门联合"双随机、一公开"监管，推行信用监管和"互联网＋监管"改革。细化明确行政执法程序，规范执法自由裁量权，严格规范公正文明执法。完善垄断性中介管理制度，清理强制性重复鉴定评估。深化要素市场化配置体制机制改革，健全市场化要素价格形成和传导机制，保障民营企业平等获得资源要素。

（五）强化公平竞争审查制度刚性约束。 坚持存量清理和增量审查并重，持续清理和废除妨碍统一市场和公平竞争的各种规定和做法，加快清理与企业性质挂钩的行业准入、资质标准、产业补贴等规定和做法。推进产业政策由差异化、选择性向普惠化、功能性转变。严格审查新出台的政策措施，建立规范流程，引入第三方开展评估审查。建立面向各类市场主体的有违公平竞争问题的投诉举报和处理回应机制并及时向社会公布处理情况。

（六）破除招投标隐性壁垒。 对具备相应资质条件的企业，不得设置与业务能力无关的企业规模门槛和明显超过招标项目要求的业绩门槛等。完善招投标程序监督与信息公示制度，对依法依规完成的招标，不得以中标企业性质为由对招标责任人进行追责。

三、完善精准有效的政策环境

（七）进一步减轻企业税费负担。 切实落实更大规模减税降费，实施好降低增值税税率、扩大享受税收优惠小微企业范围、加大研发费用加计扣除力度、降低社保费率等政策，实质性降低企业负担。建立完善监督检查清单制度，落实涉企收费清单制度，清理违规涉企收费、摊派事项和各类评比达标活动，加大力度清理整治第三方截留减税降费红利等行为，进一步畅通减税降费政策传导机制，切实降低民营企业成本费用。既要以最严格的标准防范逃避税，又要避免因为不当征税影响企业正常运行。

（八）健全银行业金融机构服务民营企业体系。 进一步提高金融结构与经济结构匹配度，支持发展以中小微民营企业为主要服务对象的中小金融机构。深化联合授信试点，鼓励银行与民营企业构建中长期银企关系。健全授信尽职免责机制，在内部绩效考核制度中落实对小微企业贷款不良容忍的监管政策。强化考核激励，合理增加信用贷款，鼓励银行提前主动对接企业续贷需求，进一步降低民营和小微企业综合融资成本。

（九）完善民营企业直接融资支持制度。 完善股票发行和再融资制度，提高民营企业首发上市和再融资审核效率。积极鼓励符合条件的民营企业在科创板上市。深化创业板、新三板改革，服务民营企业持续发展。支持服务民营企业的区域性股权市场建设。支持民营企业发行债券，降低可转债发行门槛。在依法合规的前提下，支持资管产品和保险资金通过投资私募股权基金等方式积极参与民营企业纾困。鼓励通过债务重组等方式合力化解股票质押风险。积极吸引社会力量参与民营企业债转股。

（十）健全民营企业融资增信支持体系。 推进依托供应链的票据、订单等动产质押融资，鼓励第三方建立供应链综合服务平台。民营企业、中小企业以应收账款申请担保融资的，国家机关、事业单位和大型企业等应付款方应当及时确认债权债务关系。推动抵质押登记流程简便化、标准化、规范化，建立统一的动产和权利担保登记公示系统。积极探索建立为优质民营企业增信的新机制，鼓励有条件的地方设立中小民营企业风险补偿基金，研究推出民营企业增信示范项目。发展民营企业债券融资支持工具，以市场化方式增信支持民营企业融资。

（十一）建立清理和防止拖欠账款长效机制。 各级政府、大型国有企业要依法履行与民营企业、中小企业签订的协议和合同，不得违背民营企业、中小企业真实意愿或在约定的付款方式之外以承兑汇票等形式延长付款期限。加快及时支付款项有关立法，建立拖欠账款问题约束惩戒机制，通过审计监察和信用体系建设，提高政府部门和国有企业的拖欠失信成本，对拖欠民营企业、中小企业款项的责任人严肃问责。

四、健全平等保护的法治环境

（十二）健全执法司法对民营企业的平等保护机制。 加大对民营企业的刑事保护力度，依法惩治侵犯民营企业投资者、管理者和从业人员合法权益的违法犯罪行为。提高司法审判和执行效率，防止因诉讼拖延影响企业生产经营。保障民营企业家在协助纪检监察机关审查调查时的人身和财产合法权益。健全知识产权侵权惩罚性赔偿制度，完善诉讼证据规则、证据披露以及证据妨碍排除规则。

（十三）保护民营企业和企业家合法财产。 严格按照法定程序采取查封、扣押、冻结等措施，依法严格区分违法所得、其他涉案财产与合法财产，严格区分企业法人财产与股东个人财产，严格区分涉案人员个人财产与家庭成员财产。持续甄别纠正侵犯民营企业和企业家人身财产权的冤错案件。建立涉政府产权纠纷治理长效机制。

五、鼓励引导民营企业改革创新

（十四）引导民营企业深化改革。 鼓励有条件的民营企业加快建立治理结构合理、股东行为规范、内部约束有效、运行高效灵活的现代企业制度，重视发挥公司律师和法律顾问作用。鼓励民营企业制定规范的公司章程，完善公司股东会、董事会、监事会等制度，明确各自职权及议事规则。鼓励民营企业完善内部激励约束机制，规范优化业务流程和组织结构，建立科学规范的劳动用工、收入分配制度，推动质量、品牌、财务、营销等精细化管理。

（十五）支持民营企业加强创新。 鼓励民营企业独立或与有关方面联合承担国家各类科研项目，参与国家重大科学技术项目攻关，通过实施技术改造转化创新成果。各级政府组织实施科技创新、技术转化等项目时，要平等对待不同所有制企业。加快向民营企业开放国家重大科研基础设施和大型科研仪器。在标准制定、复审过程中保障民营企业平等参与。系统清理与企业性质挂钩的职称评定、奖项申报、福利保障等规定，畅通科技创新人才向民营企业流动渠道。在人才引进支持政策方面对民营企业一视同仁，支持民营企业引进海外高层次人才。

（十六）鼓励民营企业转型升级优化重组。 鼓励民营企业因地制宜聚焦主业加快转型升级。优化企业兼并重组市场环境，支持民营企业做优做强，培育更多具有全球竞争力的世界一流企业。支持民营企业参与国有企业改革。引导中小民营企业走"专精特新"发展之路。畅通市场化退出渠道，完善企业破产清算和重整等法律制度，提高注销登记便利度，进一步做好"僵尸企业"处置工作。

（十七）完善民营企业参与国家重大战略实施机制。 鼓励民营企业积极参与共建"一带一路"、京津冀协同发展、长江经济带发展、长江三角洲区域一体化发展、粤港澳大湾区建设、黄河流域生态保护和高质量发展、推进海南全面深化改革开放等重大国家战略，积极参与乡村振兴战略。在重大规划、重大项目、重大工程、重大活动中积极吸引民营企业参与。

六、促进民营企业规范健康发展

（十八）引导民营企业聚精会神办实业。 营造实干兴邦、实业报国的良好社会氛围，鼓励支持民营企业心无旁骛做实业。引导民营企业提高战略规划和执行能力，弘扬工匠精神，通过聚焦实业、做精主业不断提升企业发展质量。大力弘扬爱国敬业、遵纪守法、艰苦奋斗、创新发展、专注品质、追求卓越、诚信守约、履行责任、勇于担当、服务社会的优秀企业家精神，认真总结梳理宣传一批典型案例，发挥示范带动作用。

（十九）推动民营企业守法合规经营。 民营企业要筑牢守法合规经营底线，依法经营、依法治企、依法维权，认真履行环境保护、安全生产、职工权益保障等责任。民营企业走出去要遵法守法、合规经营，塑造良好形象。

（二十）推动民营企业积极履行社会责任。 引导民营企业重信誉、守信用、讲信义，自觉强化信用管理，及时进行信息披露。支持民营企业赴革命老区、民族地区、边疆地区、贫困地区和中西部、东北地区投资兴业，引导民营企业参与对口支援和帮扶工作。鼓励民营企业积极参与社会公益、慈善事业。

（二十一）引导民营企业家健康成长。 民营企业家要加强自我学习、自我教育、自我提升，珍视自身社会形象，热爱祖国、热爱人民、热爱中国共产党，把守法诚信作为安身立命之本，积极践行社会主义核心价值观。要加强对民营企业家特别是年轻一代民营企业家的理想信念教育，实施年轻一代民营企业家健康成长促进计划，支持帮助民营企业家实现事业新老交接和有序传承。

七、构建亲清政商关系

（二十二）**建立规范化机制化政企沟通渠道。** 地方各级党政主要负责同志要采取多种方式经常听取民营企业意见和诉求，畅通企业家提出意见诉求通道。鼓励行业协会商会、人民团体在畅通民营企业与政府沟通等方面发挥建设性作用，支持优秀民营企业家在群团组织中兼职。

（二十三）**完善涉企政策制定和执行机制。** 制定实施涉企政策时，要充分听取相关企业意见建议。保持政策连续性稳定性，健全涉企政策全流程评估制度，完善涉企政策调整程序，根据实际设置合理过渡期，给企业留出必要的适应调整时间。政策执行要坚持实事求是，不搞"一刀切"。

（二十四）**创新民营企业服务模式。** 进一步提升政府服务意识和能力，鼓励各级政府编制政务服务事项清单并向社会公布。维护市场公平竞争秩序，完善陷入困境优质企业的救助机制。建立政务服务"好差评"制度。完善对民营企业全生命周期的服务模式和服务链条。

（二十五）**建立政府诚信履约机制。** 各级政府要认真履行在招商引资、政府与社会资本合作等活动中与民营企业依法签订的各类合同。建立政府失信责任追溯和承担机制，对民营企业因国家利益、公共利益或其他法定事由需要改变政府承诺和合同约定而受到的损失，要依法予以补偿。

八、组织保障

（二十六）**建立健全民营企业党建工作机制。** 坚持党对支持民营企业改革发展工作的领导，增强"四个意识"，坚定"四个自信"，做到"两个维护"，教育引导民营企业和企业家拥护党的领导，支持企业党建工作。指导民营企业设立党组织，积极探索创新党建工作方式，围绕宣传贯彻党的路线方针政策、团结凝聚职工群众、维护各方合法权益、建设先进企业文化、促进企业健康发展等开展工作，充分发挥党组织的战斗堡垒作用和党员的先锋模范作用，努力提升民营企业党的组织和工作覆盖质量。

（二十七）**完善支持民营企业改革发展工作机制。** 建立支持民营企业改革发展的领导协调机制。将支持民营企业发展相关指标纳入高质量发展绩效评价体系。加强民营经济统计监测和分析工作。开展面向民营企业家的政策培训。

（二十八）**健全舆论引导和示范引领工作机制。** 加强舆论引导，主动讲好民营企业和企业家故事，坚决抵制、及时批驳澄清质疑社会主义基本经济制度、否定民营经济的错误言论。在各类评选表彰活动中，平等对待优秀民营企业和企业家。研究支持改革发展标杆民营企业和民营经济示范城市，充分发挥示范带动作用。

各地区各部门要充分认识营造更好发展环境支持民营企业改革发展的重要性，切实把思想和行动统一到党中央、国务院的决策部署上来，加强组织领导，完善工作机制，制定具体措施，认真抓好本意见的贯彻落实。国家发展改革委要会同有关部门适时对支持民营企业改革发展的政策落实情况进行评估，重大情况及时向党中央、国务院报告。

附录2 工业和信息化部办公厅关于推动工业互联网加快发展的通知

工信厅信管〔2020〕8号

各省、自治区、直辖市及计划单列市、新疆生产建设兵团工业和信息化主管部门，各省、自治区、直辖市通信管理局、中国电信集团有限公司、中国移动通信集团有限公司、中国联合网络通信集团有限公司、中国广播电视网络有限公司，各有关单位：

为深入贯彻习近平总书记在统筹推进新冠肺炎疫情防控和经济社会发展工作部署会议上的重要讲话精神，落实中央关于推动工业互联网加快发展的决策部署，统筹发展与安全，推动工业互联网在更广范围、更深程度、更高水平上融合创新，培植壮大经济发展新动能，支撑实现高质量发展，现就有关事项通知如下：

一、加快新型基础设施建设

（一）改造升级工业互联网内外网络。 推动基础电信企业建设覆盖全国所有地市的高质量外网，打造20个企业工业互联网外网优秀服务案例。鼓励工业企业升级改造工业互联网内网，打造10个标杆网络，推动100个重点行业龙头企业、1000个地方骨干企业开展工业互联网内网改造升级。鼓励各地组织1-3家工业企业与基础电信企业深度对接合作，利用5G改造工业互联网内网。打造高质量园区网络，引领5G技术在垂直行业的融合创新。

（二）增强完善工业互联网标识体系。 出台工业互联网标识解析管理办法。增强5大顶级节点功能，启动南京、贵阳两大灾备节点工程建设。面向垂直行业新建20个以上标识解析二级节点，新增标识注册量20亿，拓展网络化标识覆盖范围，进一步增强网络基础资源支撑能力。

（三）提升工业互联网平台核心能力。 引导平台增强5G、人工智能、区块链、增强现实/虚拟现实等新技术支撑能力，强化设计、生产、运维、管理等全流程数字化功能集成。遴选10个跨行业跨领域平台，发展50家重点行业/

区域平台。推动重点平台平均支持工业协议数量 200 个、工业设备连接数 80 万台、工业 APP 数量达到 2500 个。

（四）建设工业互联网大数据中心。 加快国家工业互联网大数据中心建设，鼓励各地建设工业互联网大数据分中心。建立工业互联网数据资源合作共享机制，初步实现对重点区域、重点行业的数据采集、汇聚和应用，提升工业互联网基础设施和数据资源管理能力。

二、加快拓展融合创新应用

（五）积极利用工业互联网促进复工复产。 充分发挥工业互联网全要素、全产业链、全价值链的连接优势，鼓励各地工业和信息化主管部门、各企业利用工业互联网实现信息、技术、产能、订单共享，实现跨地域、跨行业资源的精准配置与高效对接。鼓励大型企业、大型平台、解决方案提供商为中小企业免费提供工业 APP 服务。

（六）深化工业互联网行业应用。 鼓励各地结合优势产业，加强工业互联网在装备、机械、汽车、能源、电子、冶金、石化、矿业等国民经济重点行业的融合创新，突出差异化发展，形成各有侧重、各具特色的发展模式。引导各地总结实践经验，制定垂直细分领域的行业应用指南。

（七）促进企业上云上平台。 推动企业加快工业设备联网上云、业务系统云化迁移。加快各类场景云化软件的开发和应用，加大中小企业数字化工具普及力度，降低企业数字化门槛，加快数字化转型进程。

（八）加快工业互联网试点示范推广普及。 遴选 100 个左右工业互联网试点示范项目。鼓励每个示范项目向 2 个以上相关企业复制，形成多点辐射、放大倍增的带动效应。建设一批工业互联网体验和推广中心。评估试点示范成效，编制优秀试点示范推广案例集。

三、加快健全安全保障体系

（九）建立企业分级安全管理制度。 出台工业互联网企业网络安全分类分级指南，制定安全防护制度标准，开展工业互联网企业分类分级试点，形成重点企业清单，实施差异化管理。

（十）完善安全技术监测体系。 扩大国家平台监测范围，继续建设完善省级安全平台，升级基础电信企业监测系统，汇聚重点平台、重点企业数据，覆盖 150 个重点平台、10 万家以上工业互联网企业，强化综合分析，提高支撑政府决策、保障企业安全的能力。

（十一）健全安全工作机制。 完善企业安全信息通报处置和检查检测机制，对 20 家以上典型平台、工业企业开展现场检查和远程检测，督促指导企业提升安全水平，对 100 个以上工业 APP 开展检测分析，增强 APP 安全性。

（十二）加强安全技术产品创新。 鼓励企业创新安全产品和方案设计，遴选 10 个以上典型产品或最佳实践。加大网络安全产品研发和技术攻关支持力度，加强产业协同创新。指导网络安全公共服务平台为中小企业提供优质高效的安全服务。

四、加快壮大创新发展动能

（十三）加快工业互联网创新发展工程建设。 加快在建项目建设进度，加大新建项目开工力度。推动具备条件的项目提前验收，并在后续试点示范项目遴选中优先考虑。储备一批投资规模大、带动能力强的重点项目。各地工业和信息化主管部门要会同通信管理局加强监督管理，压实承担单位主体责任，确保工程建设高质量完成。

（十四）深入实施"5G＋工业互联网" 512 工程。 引导各类主体建设 5 个公共服务平台，构建创新载体，为企业提供工业互联网内网改造设计、咨询、检测、验证等服务。遴选 5 个融合发展重点行业，挖掘 10 个典型应用场景，总结形成可持续、可复制、可推广的创新模式和发展路径。

（十五）增强关键技术产品供给能力。 鼓励相关单位在时间敏感网络、边缘计算、工业智能等领域加快技术攻关，打造智能传感、智能网关、协议转换、工业机理模型库、工业软件等关键软硬件产品，加快部署应用。打造一批工业互联网技术公共服务平台，加强关键技术产品孵化和产业化支撑。

五、加快完善产业生态布局

（十六）促进工业互联网区域协同发展。 鼓励各地结合区域特色和产业优势，打造一批产业优势互补、协同效应显著、辐射带动能力强劲的示范区。持续推进长三角工业互联网一体化发展示范区建设。

（十七）增强工业互联网产业集群能力。 引导工业互联网产业示范基地进一步聚焦主业，培育引进工业互联网龙头企业，加快提升新型基础设施支撑能力和融合创新引领能力，做大做强主导产业链，完善配套支撑产业链，壮大产业供给能力。鼓励各地整合优势资源，集聚创新要素，培育具有区域优势的工业互联网产业集群。

（十八）高水平组织产业活动。 统筹协调各地差异化开展工业互联网相关活动。壮大工业互联网产业联盟，举办产业峰会，发布工业互联网产业经济发展报告。高质量开展工业互联网大数据、工业 APP、解决方案、安全等相关赛事活动，组织全国工业互联网线上精品课程培训。

六、加大政策支持力度

（十九）提升要素保障水平。 鼓励各地将工业互联网企业纳入本地出台的战疫情、支持复工复产的政策支持范围，将基于 5G、标识解析等新技术的应用纳入企业上云政策支持范围，将 5G 电价优惠政策拓展至"5G＋工业互联网"领域。鼓励各地引导社会资本设立工业互联网产业基金。打造工业互联网人才实训基地。

（二十）开展产业监测评估。 建设工业互联网运行监测平台，构建运行监测体系。建立工业互联网评估体系，定期评估发展成效，发布工业互联网发展指数。工业互联网创新发展工程项目承担单位、试点示范项目单位以及工业互联网产业示范基地等要积极参与监测体系、评估体系建设。

工业和信息化部办公厅

2020 年 3 月 6 日

附录3　国家发展改革委办公厅关于开展社会服务领域双创带动就业示范工作的通知

发改办高技〔2020〕244号

各省、自治区、直辖市及计划单列市、新疆生产建设兵团发展改革委：

为落实国务院常务会议部署要求，更好发挥"双创"带动就业的重要作用，积极应对疫情影响，提振全社会创业就业活力和信心，我委聚焦"互联网平台＋创业单元"等新模式，围绕家政服务、养老托育、乡村旅游、家电回收等就业潜力大、社会亟需的服务领域，启动社会服务领域"双创"带动就业示范工作。通过对社会服务领域"双创"带动就业成效突出的项目进行集中宣传推广和资源对接，引导更多服务领域大中小企业融通创新，发展更多线上线下相结合的服务业态，带动更多市场主体贴近强大国内市场需求大胆创新、积极创业、带动就业。有关事项通知如下：

一、明确示范重点

各地发展改革委要将"双创"带动就业作为当前一项重点工作，聚焦就业潜力大、带动作用突出、社会需求迫切的服务领域，积极利用互联网等新技术手段，发挥大企业和互联网平台企业的带动作用，大胆探索、创新方式方法，集中培育一批社会服务领域"双创"带动就业的示范项目，引导创新创业资源向贴近国内市场需求、人民群众亟需、带动就业潜力大的领域集聚，不断拓展"双创"带动就业的新局面。当前发展的重点领域：

（一）家政服务领域。发挥互联网平台整合信息资源、贴近终端需求、信用信息管理等功能，带动家政领域中小微企业统一服务标准、提升服务品质，实现抱团创业；发挥家政服务大企业龙头作用，打造智慧家政服务平台，强化专业能力输出，带动更多市场主体参与创业；建设家政服务创业孵化器，打造线上接单、线下体验、学校培训、公司就业的家政服务产业链条，打通家政与相关产业服务生态，助力提质扩容，发展新兴业态，带动大学生等重点群体创业就业。

（二）养老托育领域。 依托互联网平台，有效整合居家社区养老服务需求，为机构运营管理赋能，培育智慧养老服务新业态，强化线上培训和专业融合，带动相关领域高水平创业就业；推广线上托育、早教等创新模式，推动线上管理与线下服务相结合，发挥优势企业、专业人士带动作用，加速托育行业规范化发展，嫁接专业资源、复制先进模式、推广创业经验；利用人工智能、大数据等新兴技术手段，为养老托育领域创业机构赋能。

（三）乡村旅游领域。 依托互联网信息平台，整合分散的乡村旅游资源，强化线上推广、品牌建设和数字化赋能，带动乡村旅游领域多样化的创新创业；将休闲娱乐、文化创意与乡村旅游、民俗文化、现代农业等紧密结合，积极发展乡村旅游新业态、新模式；发挥大企业带动作用，整合农旅文养教资源，将返乡入乡创业与脱贫攻坚、美丽乡村建设紧密结合，引入社会资本，激活乡村创业。

（四）家电回收领域。 顺应互联网经济发展新趋势，推动家电回收领域与先进制造、现代服务业的深度融合，提升行业管理和运营的规范化水平；构建家电物流配送、家电安装、家电回收、二手商品交易的创业生态，为司机、维修等从业人员创造灵活的创业就业机会；利用互联网平台，建立集分类、收集、运输、分拣、回收、再利用于一体的回收全产业链，带动产业链各环节创业就业。

二、加强资源对接

请各地发展改革委会同地方有关部门，与国家双创示范基地建设、促进家政服务业提质扩容"领跑者"行动等统筹推进、形成合力，对培育出的社会领域"双创"带动就业效果明显的项目给予有针对性的投资对接、人才培养、房租减免、财政补助等政策支持。做好有关项目单位与高校毕业生、农民工、退役军人、下岗工人等重点就业群体的对接工作。

我委将把支持"双创"带动就业与有关领域专项工作相结合，通过统筹资金支持、协助发行债券、推动纳入"信易贷"试点范围等方式，对地方培育的社会服务领域"双创"带动就业成效明显的项目给予倾斜支持。协助推动创业项目与互联网平台企业、企业双创示范基地、创业投资协会等深入对接，积极推动社会服务领域产教融合试点和实训基地建设，扩大高质量、专业化服务人才供给。

三、推广成功经验

请各地发展改革委和双创示范基地结合 2020 年全国双创活动周、"创响中国"系列活动、"就业创业服务月"活动以及各类创新创业大赛等，加强精准策划，推广本地"双创"带动就业成效突出项目的经验做法，联合相关服务业协会，发挥好各地示范项目在行业服务标准构建、信用体系建设、行业领跑者行动等方面的积极作用，释放带动就业的效能。

我委将会同有关部门，结合普惠养老、普惠托育、乡村旅游现场会、培训会和双创示范基地"双创"带动就业现场经验交流会等，积极推广双创带动就业新模式、新做法，推动相互借鉴经验，拓展新业态发展空间。

四、开展集中宣传

请各地发展改革委、双创示范基地，联合本地相关媒体，综合运用互联网视频、直播、微信公众号等新媒体手段，结合双创周系列活动，对本地"双创"带动就业效果突出的示范项目加大宣传力度。

我委将配合有关部门，支持中央媒体对各地涌现出的典型项目陆续进行宣传推广，择优在全国双创周上进行精准展示，择优支持在双创周期间开展创业合伙人招募等活动。

下一步，我委将对开展社会服务领域"双创"带动就业示范工作成效明显的地方在新建双创示范基地、支持建设创业带动就业等方面平台项目的工作中予以重点支持。

特此通知。

国家发展改革委办公厅

2020 年 3 月 26 日

附录4 中共中央 国务院关于构建更加完善的要素市场化配置体制机制的意见

（2020 年 3 月 30 日）

完善要素市场化配置是建设统一开放、竞争有序市场体系的内在要求，是坚持和完善社会主义基本经济制度、加快完善社会主义市场经济体制的重要内容。为深化要素市场化配置改革，促进要素自主有序流动，提高要素配置效率，进一步激发全社会创造力和市场活力，推动经济发展质量变革、效率变革、动力变革，现就构建更加完善的要素市场化配置体制机制提出如下意见。

一、总体要求

（一）指导思想。 以习近平新时代中国特色社会主义思想为指导，全面贯彻党的十九大和十九届二中、三中、四中全会精神，坚持稳中求进工作总基调，坚持以供给侧结构性改革为主线，坚持新发展理念，坚持深化市场化改革、扩大高水平开放，破除阻碍要素自由流动的体制机制障碍，扩大要素市场化配置范围，健全要素市场体系，推进要素市场制度建设，实现要素价格市场决定、流动自主有序、配置高效公平，为建设高标准市场体系、推动高质量发展、建设现代化经济体系打下坚实制度基础。

（二）基本原则。 一是市场决定，有序流动。充分发挥市场配置资源的决定性作用，畅通要素流动渠道，保障不同市场主体平等获取生产要素，推动要素配置依据市场规则、市场价格、市场竞争实现效益最大化和效率最优化。二是健全制度，创新监管。更好发挥政府作用，健全要素市场运行机制，完善政府调节与监管，做到放活与管好有机结合，提升监管和服务能力，引导各类要素协同向先进生产力集聚。三是问题导向，分类施策。针对市场决定要素配置范围有限、要素流动存在体制机制障碍等问题，根据不同要素属性、市场化程度差异和经济社会发展需要，分类完善要素市场化配置体制机制。四是稳中求进，循序渐进。坚持安全可控，从实际出发，尊重客观规律，培育发展新型要素形态，逐步提高要素质量，因地制宜稳步推进要素市场化配置改革。

二、推进土地要素市场化配置

（三）建立健全城乡统一的建设用地市场。 加快修改完善土地管理法实施条例，完善相关配套制度，制定出台农村集体经营性建设用地入市指导意见。全面推开农村土地征收制度改革，扩大国有土地有偿使用范围。建立公平合理的集体经营性建设用地入市增值收益分配制度。建立公共利益征地的相关制度规定。

（四）深化产业用地市场化配置改革。 健全长期租赁、先租后让、弹性年期供应、作价出资（入股）等工业用地市场供应体系。在符合国土空间规划和用途管制要求前提下，调整完善产业用地政策，创新使用方式，推动不同产业用地类型合理转换，探索增加混合产业用地供给。

（五）鼓励盘活存量建设用地。 充分运用市场机制盘活存量土地和低效用地，研究完善促进盘活存量建设用地的税费制度。以多种方式推进国有企业存量用地盘活利用。深化农村宅基地制度改革试点，深入推进建设用地整理，完善城乡建设用地增减挂钩政策，为乡村振兴和城乡融合发展提供土地要素保障。

（六）完善土地管理体制。 完善土地利用计划管理，实施年度建设用地总量调控制度，增强土地管理灵活性，推动土地计划指标更加合理化，城乡建设用地指标使用应更多由省级政府负责。在国土空间规划编制、农村房地一体不动产登记基本完成的前提下，建立健全城乡建设用地供应三年滚动计划。探索建立全国性的建设用地、补充耕地指标跨区域交易机制。加强土地供应利用统计监测。实施城乡土地统一调查、统一规划、统一整治、统一登记。推动制定不动产登记法。

三、引导劳动力要素合理畅通有序流动

（七）深化户籍制度改革。 推动超大、特大城市调整完善积分落户政策，探索推动在长三角、珠三角等城市群率先实现户籍准入年限同城化累计互认。放开放宽除个别超大城市外的城市落户限制，试行以经常居住地登记户口制度。建立城镇教育、就业创业、医疗卫生等基本公共服务与常住人口挂钩机制，推动公共资源按常住人口规模配置。

（八）畅通劳动力和人才社会性流动渠道。 健全统一规范的人力资源市场体系，加快建立协调衔接的劳动力、人才流动政策体系和交流合作机制。营造公平就业环境，依法纠正身份、性别等就业歧视现象，保障城乡劳动者享有

平等就业权利。进一步畅通企业、社会组织人员进入党政机关、国有企事业单位渠道。优化国有企事业单位面向社会选人用人机制，深入推行国有企业分级分类公开招聘。加强就业援助，实施优先扶持和重点帮助。完善人事档案管理服务，加快提升人事档案信息化水平。

（九）完善技术技能评价制度。 创新评价标准，以职业能力为核心制定职业标准，进一步打破户籍、地域、身份、档案、人事关系等制约，畅通非公有制经济组织、社会组织、自由职业专业技术人员职称申报渠道。加快建立劳动者终身职业技能培训制度。推进社会化职称评审。完善技术工人评价选拔制度。探索实现职业技能等级证书和学历证书互通衔接。加强公共卫生队伍建设，健全执业人员培养、准入、使用、待遇保障、考核评价和激励机制。

（十）加大人才引进力度。 畅通海外科学家来华工作通道。在职业资格认定认可、子女教育、商业医疗保险以及在中国境内停留、居留等方面，为外籍高层次人才来华创新创业提供便利。

四、推进资本要素市场化配置

（十一）完善股票市场基础制度。 制定出台完善股票市场基础制度的意见。坚持市场化、法治化改革方向，改革完善股票市场发行、交易、退市等制度。鼓励和引导上市公司现金分红。完善投资者保护制度，推动完善具有中国特色的证券民事诉讼制度。完善主板、科创板、中小企业板、创业板和全国中小企业股份转让系统（新三板）市场建设。

（十二）加快发展债券市场。 稳步扩大债券市场规模，丰富债券市场品种，推进债券市场互联互通。统一公司信用类债券信息披露标准，完善债券违约处置机制。探索对公司信用类债券实行发行注册管理制。加强债券市场评级机构统一准入管理，规范信用评级行业发展。

（十三）增加有效金融服务供给。 健全多层次资本市场体系。构建多层次、广覆盖、有差异、大中小合理分工的银行机构体系，优化金融资源配置，放宽金融服务业市场准入，推动信用信息深度开发利用，增加服务小微企业和民营企业的金融服务供给。建立县域银行业金融机构服务"三农"的激励约束机制。推进绿色金融创新。完善金融机构市场化法治化退出机制。

（十四）主动有序扩大金融业对外开放。 稳步推进人民币国际化和人民币资本项目可兑换。逐步推进证券、基金行业对内对外双向开放，有序推进期货市场对外开放。逐步放宽外资金融机构准入条件，推进境内金融机构参与国际金融市场交易。

五、加快发展技术要素市场

（十五）健全职务科技成果产权制度。 深化科技成果使用权、处置权和收益权改革，开展赋予科研人员职务科技成果所有权或长期使用权试点。强化知识产权保护和运用，支持重大技术装备、重点新材料等领域的自主知识产权市场化运营。

（十六）完善科技创新资源配置方式。 改革科研项目立项和组织实施方式，坚持目标引领，强化成果导向，建立健全多元化支持机制。完善专业机构管理项目机制。加强科技成果转化中试基地建设。支持有条件的企业承担国家重大科技项目。建立市场化社会化的科研成果评价制度，修订技术合同认定规则及科技成果登记管理办法。建立健全科技成果常态化路演和科技创新咨询制度。

（十七）培育发展技术转移机构和技术经理人。 加强国家技术转移区域中心建设。支持科技企业与高校、科研机构合作建立技术研发中心、产业研究院、中试基地等新型研发机构。积极推进科研院所分类改革，加快推进应用技术类科研院所市场化、企业化发展。支持高校、科研机构和科技企业设立技术转移部门。建立国家技术转移人才培养体系，提高技术转移专业服务能力。

（十八）促进技术要素与资本要素融合发展。 积极探索通过天使投资、创业投资、知识产权证券化、科技保险等方式推动科技成果资本化。鼓励商业银行采用知识产权质押、预期收益质押等融资方式，为促进技术转移转化提供更多金融产品服务。

（十九）支持国际科技创新合作。 深化基础研究国际合作，组织实施国际科技创新合作重点专项，探索国际科技创新合作新模式，扩大科技领域对外开放。加大抗病毒药物及疫苗研发国际合作力度。开展创新要素跨境便利流动试点，发展离岸创新创业，探索推动外籍科学家领衔承担政府支持科技项目。发展技术贸易，促进技术进口来源多元化，扩大技术出口。

六、加快培育数据要素市场

（二十）推进政府数据开放共享。 优化经济治理基础数据库，加快推动各地区各部门间数据共享交换，制定出台新一批数据共享责任清单。研究建立促进企业登记、交通运输、气象等公共数据开放和数据资源有效流动的制度规范。

（二十一）提升社会数据资源价值。 培育数字经济新产业、新业态和新模式，支持构建农业、工业、交通、教育、安防、城市管理、公共资源交易等领域规范化数据开发利用的场景。发挥行业协会商会作用，推动人工智能、可穿戴设备、车联网、物联网等领域数据采集标准化。

（二十二）加强数据资源整合和安全保护。 探索建立统一规范的数据管理制度，提高数据质量和规范性，丰富数据产品。研究根据数据性质完善产权性质。制定数据隐私保护制度和安全审查制度。推动完善适用于大数据环境下的数据分类分级安全保护制度，加强对政务数据、企业商业秘密和个人数据的保护。

七、加快要素价格市场化改革

（二十三）完善主要由市场决定要素价格机制。 完善城乡基准地价、标定地价的制定与发布制度，逐步形成与市场价格挂钩动态调整机制。健全最低工资标准调整、工资集体协商和企业薪酬调查制度。深化国有企业工资决定机制改革，完善事业单位岗位绩效工资制度。建立公务员和企业相当人员工资水平调查比较制度，落实并完善工资正常调整机制。稳妥推进存贷款基准利率与市场利率并轨，提高债券市场定价效率，健全反映市场供求关系的国债收益率曲线，更好发挥国债收益率曲线定价基准作用。增强人民币汇率弹性，保持人民币汇率在合理均衡水平上的基本稳定。

（二十四）加强要素价格管理和监督。 引导市场主体依法合理行使要素定价自主权，推动政府定价机制由制定具体价格水平向制定定价规则转变。构建要素价格公示和动态监测预警体系，逐步建立要素价格调查和信息发布制度。完善要素市场价格异常波动调节机制。加强要素领域价格反垄断工作，维护要素市场价格秩序。

（二十五）健全生产要素由市场评价贡献、按贡献决定报酬的机制。 着重保护劳动所得，增加劳动者特别是一线劳动者劳动报酬，提高劳动报酬在初次分配中的比重。全面贯彻落实以增加知识价值为导向的收入分配政策，充分尊重科研、技术、管理人才，充分体现技术、知识、管理、数据等要素的价值。

八、健全要素市场运行机制

（二十六）健全要素市场化交易平台。 拓展公共资源交易平台功能。健全科技成果交易平台，完善技术成果转化公开交易与监管体系。引导培育大数据交易市场，依法合规开展数据交易。支持各类所有制企业参与要素交易平台建设，规范要素交易平台治理，健全要素交易信息披露制度。

（二十七）**完善要素交易规则和服务。** 研究制定土地、技术市场交易管理制度。建立健全数据产权交易和行业自律机制。推进全流程电子化交易。推进实物资产证券化。鼓励要素交易平台与各类金融机构、中介机构合作，形成涵盖产权界定、价格评估、流转交易、担保、保险等业务的综合服务体系。

（二十八）**提升要素交易监管水平。** 打破地方保护，加强反垄断和反不正当竞争执法，规范交易行为，健全投诉举报查处机制，防止发生损害国家安全及公共利益的行为。加强信用体系建设，完善失信行为认定、失信联合惩戒、信用修复等机制。健全交易风险防范处置机制。

（二十九）**增强要素应急配置能力。** 把要素的应急管理和配置作为国家应急管理体系建设的重要内容，适应应急物资生产调配和应急管理需要，建立对相关生产要素的紧急调拨、采购等制度，提高应急状态下的要素高效协同配置能力。鼓励运用大数据、人工智能、云计算等数字技术，在应急管理、疫情防控、资源调配、社会管理等方面更好发挥作用。

九、组织保障

（三十）**加强组织领导。** 各地区各部门要充分认识完善要素市场化配置的重要性，切实把思想和行动统一到党中央、国务院决策部署上来，明确职责分工，完善工作机制，落实工作责任，研究制定出台配套政策措施，确保本意见确定的各项重点任务落到实处。

（三十一）**营造良好改革环境。** 深化"放管服"改革，强化竞争政策基础地位，打破行政性垄断、防止市场垄断，清理废除妨碍统一市场和公平竞争的各种规定和做法，进一步减少政府对要素的直接配置。深化国有企业和国有金融机构改革，完善法人治理结构，确保各类所有制企业平等获取要素。

（三十二）**推动改革稳步实施。** 在维护全国统一大市场的前提下，开展要素市场化配置改革试点示范。及时总结经验，认真研究改革中出现的新情况新问题，对不符合要素市场化配置改革的相关法律法规，要按程序抓紧推动调整完善。

附录5　中共中央 国务院关于新时代加快完善社会主义市场经济体制的意见
（2020年5月11日）

社会主义市场经济体制是中国特色社会主义的重大理论和实践创新，是社会主义基本经济制度的重要组成部分。改革开放特别是党的十八大以来，我国坚持全面深化改革，充分发挥经济体制改革的牵引作用，不断完善社会主义市场经济体制，极大调动了亿万人民的积极性，极大促进了生产力发展，极大增强了党和国家的生机活力，创造了世所罕见的经济快速发展奇迹。同时要看到，中国特色社会主义进入新时代，社会主要矛盾发生变化，经济已由高速增长阶段转向高质量发展阶段，与这些新形势新要求相比，我国市场体系还不健全、市场发育还不充分，政府和市场的关系没有完全理顺，还存在市场激励不足、要素流动不畅、资源配置效率不高、微观经济活力不强等问题，推动高质量发展仍存在不少体制机制障碍，必须进一步解放思想，坚定不移深化市场化改革，扩大高水平开放，不断在经济体制关键性基础性重大改革上突破创新。为贯彻落实党的十九大和十九届四中全会关于坚持和完善社会主义基本经济制度的战略部署，在更高起点、更高层次、更高目标上推进经济体制改革及其他各方面体制改革，构建更加系统完备、更加成熟定型的高水平社会主义市场经济体制，现提出如下意见。

一、总体要求

（一）指导思想。　以习近平新时代中国特色社会主义思想为指导，全面贯彻党的十九大和十九届二中、三中、四中全会精神，坚决贯彻党的基本理论、基本路线、基本方略，统筹推进"五位一体"总体布局和协调推进"四个全面"战略布局，坚持稳中求进工作总基调，坚持新发展理念，坚持以供给侧结构性改革为主线，坚持以人民为中心的发展思想，坚持和完善社会主义基本经济制度，以完善产权制度和要素市场化配置为重点，全面深化经济体制改革，加快完善社会主义市场经济体制，建设高标准市场体系，实现产权有效激励、要素自由流动、价格反应灵活、竞争公平有序、企业优胜劣汰，加强和改善制度供给，推进国家治理体系和治理能力现代化，推动生产关系同生产力、上层建筑同经济基础相适应，促进更高质量、更有效率、更加公平、更可持续的发展。

（二）基本原则

——坚持以习近平新时代中国特色社会主义经济思想为指导。坚持和加强党的全面领导，坚持和完善中国特色社会主义制度，强化问题导向，把握正确改革策略和方法，持续优化经济治理方式，着力构建市场机制有效、微观主体有活力、宏观调控有度的经济体制，使中国特色社会主义制度更加巩固、优越性充分体现。

——坚持解放和发展生产力。牢牢把握社会主义初级阶段这个基本国情，牢牢扭住经济建设这个中心，发挥经济体制改革牵引作用，协同推进政治、文化、社会、生态文明等领域改革，促进改革发展高效联动，进一步解放和发展社会生产力，不断满足人民日益增长的美好生活需要。

——坚持和完善社会主义基本经济制度。坚持和完善公有制为主体、多种所有制经济共同发展，按劳分配为主体、多种分配方式并存，社会主义市场经济体制等社会主义基本经济制度，把中国特色社会主义制度与市场经济有机结合起来，为推动高质量发展、建设现代化经济体系提供重要制度保障。

——坚持正确处理政府和市场关系。坚持社会主义市场经济改革方向，更加尊重市场经济一般规律，最大限度减少政府对市场资源的直接配置和对微观经济活动的直接干预，充分发挥市场在资源配置中的决定性作用，更好发挥政府作用，有效弥补市场失灵。

——坚持以供给侧结构性改革为主线。更多采用改革的办法，更多运用市场化法治化手段，在巩固、增强、提升、畅通上下功夫，加大结构性改革力度，创新制度供给，不断增强经济创新力和竞争力，适应和引发有效需求，促进更高水平的供需动态平衡。

——坚持扩大高水平开放和深化市场化改革互促共进。坚定不移扩大开放，推动由商品和要素流动型开放向规则等制度型开放转变，吸收借鉴国际成熟市场经济制度经验和人类文明有益成果，加快国内制度规则与国际接轨，以高水平开放促进深层次市场化改革。

二、坚持公有制为主体、多种所有制经济共同发展，增强微观主体活力

毫不动摇巩固和发展公有制经济，毫不动摇鼓励、支持、引导非公有制经济发展，探索公有制多种实现形式，支持民营企业改革发展，培育更多充满活力的市场主体。

（一）推进国有经济布局优化和结构调整。　坚持有进有退、有所为有所不为，推动国有资本更多投向关系国计民生的重要领域和关系国家经济命脉、科技、国防、安全等领域，服务国家战略目标，增强国有经济竞争力、创新力、控制力、影响力、抗风险能力，做强做优做大国有资本，有效防止国有资产流失。对处于充分竞争领域的国有经济，通过资本化、证券化等方式优化国有资本配置，提高国有资本收益。进一步完善和加强国有资产监管，有效发挥国有资本投资、运营公司功能作用，坚持一企一策，成熟一个推动一个，运行一个成功一个，盘活存量国有资本，促进国有资产保值增值。

（二）积极稳妥推进国有企业混合所有制改革。　在深入开展重点领域混合所有制改革试点基础上，按照完善治理、强化激励、突出主业、提高效率要求，推进混合所有制改革，规范有序发展混合所有制经济。对充分竞争领域的国家出资企业和国有资本运营公司出资企业，探索将部分国有股权转化为优先股，强化国有资本收益功能。支持符合条件的混合所有制企业建立骨干员工持股、上市公司股权激励、科技型企业股权和分红激励等中长期激励机制。深化国有企业改革，加快完善国有企业法人治理结构和市场化经营机制，健全经理层任期制和契约化管理，完善中国特色现代企业制度。对混合所有制企业，探索建立有别于国有独资、全资公司的治理机制和监管制度。对国有资本不再绝对控股的混合所有制企业，探索实施更加灵活高效的监管制度。

（三）稳步推进自然垄断行业改革。　深化以政企分开、政资分开、特许经营、政府监管为主要内容的改革，提高自然垄断行业基础设施供给质量，严格监管自然垄断环节，加快实现竞争性环节市场化，切实打破行政性垄断，防止市场垄断。构建有效竞争的电力市场，有序放开发用电计划和竞争性环节电价，提高电力交易市场化程度。推进油气管网对市场主体公平开放，适时放开天然气气源和销售价格，健全竞争性油气流通市场。深化铁路行业改革，促进铁路运输业务市场主体多元化和适度竞争。实现邮政普遍服务业务与竞争性业务分业经营。完善烟草专卖专营体制，构建适度竞争新机制。

（四）营造支持非公有制经济高质量发展的制度环境。　健全支持民营经

济、外商投资企业发展的市场、政策、法治和社会环境，进一步激发活力和创造力。在要素获取、准入许可、经营运行、政府采购和招投标等方面对各类所有制企业平等对待，破除制约市场竞争的各类障碍和隐性壁垒，营造各种所有制主体依法平等使用资源要素、公开公平公正参与竞争、同等受到法律保护的市场环境。完善支持非公有制经济进入电力、油气等领域的实施细则和具体办法，大幅放宽服务业领域市场准入，向社会资本释放更大发展空间。健全支持中小企业发展制度，增加面向中小企业的金融服务供给，支持发展民营银行、社区银行等中小金融机构。完善民营企业融资增信支持体系。健全民营企业直接融资支持制度。健全清理和防止拖欠民营企业中小企业账款长效机制，营造有利于化解民营企业之间债务问题的市场环境。完善构建亲清政商关系的政策体系，建立规范化机制化政企沟通渠道，鼓励民营企业参与实施重大国家战略。

三、夯实市场经济基础性制度，保障市场公平竞争

建设高标准市场体系，全面完善产权、市场准入、公平竞争等制度，筑牢社会主义市场经济有效运行的体制基础。

（一）全面完善产权制度。 健全归属清晰、权责明确、保护严格、流转顺畅的现代产权制度，加强产权激励。完善以管资本为主的经营性国有资产产权管理制度，加快转变国资监管机构职能和履职方式。健全自然资源资产产权制度。健全以公平为原则的产权保护制度，全面依法平等保护民营经济产权，依法严肃查处各类侵害民营企业合法权益的行为。落实农村第二轮土地承包到期后再延长 30 年政策，完善农村承包地"三权分置"制度。深化农村集体产权制度改革，完善产权权能，将经营性资产折股量化到集体经济组织成员，创新农村集体经济有效组织形式和运行机制，完善农村基本经营制度。完善和细化知识产权创造、运用、交易、保护制度规则，加快建立知识产权侵权惩罚性赔偿制度，加强企业商业秘密保护，完善新领域新业态知识产权保护制度。

（二）全面实施市场准入负面清单制度。 推行"全国一张清单"管理模式，维护清单的统一性和权威性。建立市场准入负面清单动态调整机制和第三方评估机制，以服务业为重点试点进一步放宽准入限制。建立统一的清单代码体系，使清单事项与行政审批体系紧密衔接、相互匹配。建立市场准入负面清单信息公开机制，提升准入政策透明度和负面清单使用便捷性。建立市场准入评估制度，定期评估、排查、清理各类显性和隐性壁垒，推动"非禁即入"普遍落实。改革生产许可制度。

（三）**全面落实公平竞争审查制度。** 完善竞争政策框架，建立健全竞争政策实施机制，强化竞争政策基础地位。强化公平竞争审查的刚性约束，修订完善公平竞争审查实施细则，建立公平竞争审查抽查、考核、公示制度，建立健全第三方审查和评估机制。统筹做好增量审查和存量清理，逐步清理废除妨碍全国统一市场和公平竞争的存量政策。建立违反公平竞争问题反映和举报绿色通道。加强和改进反垄断和反不正当竞争执法，加大执法力度，提高违法成本。培育和弘扬公平竞争文化，进一步营造公平竞争的社会环境。

四、构建更加完善的要素市场化配置体制机制，进一步激发全社会创造力和市场活力

以要素市场化配置改革为重点，加快建设统一开放、竞争有序的市场体系，推进要素市场制度建设，实现要素价格市场决定、流动自主有序、配置高效公平。

（一）**建立健全统一开放的要素市场。** 加快建设城乡统一的建设用地市场，建立同权同价、流转顺畅、收益共享的农村集体经营性建设用地入市制度。探索农村宅基地所有权、资格权、使用权"三权分置"，深化农村宅基地改革试点。深化户籍制度改革，放开放宽除个别超大城市外的城市落户限制，探索实行城市群内户口通迁、居住证互认制度。推动公共资源由按城市行政等级配置向按实际服务管理人口规模配置转变。加快建立规范、透明、开放、有活力、有韧性的资本市场，加强资本市场基础制度建设，推动以信息披露为核心的股票发行注册制改革，完善强制退市和主动退市制度，提高上市公司质量，强化投资者保护。探索实行公司信用类债券发行注册管理制。构建与实体经济结构和融资需求相适应、多层次、广覆盖、有差异的银行体系。加快培育发展数据要素市场，建立数据资源清单管理机制，完善数据权属界定、开放共享、交易流通等标准和措施，发挥社会数据资源价值。推进数字政府建设，加强数据有序共享，依法保护个人信息。

（二）**推进要素价格市场化改革。** 健全主要由市场决定价格的机制，最大限度减少政府对价格形成的不当干预。完善城镇建设用地价格形成机制和存量土地盘活利用政策，推动实施城镇低效用地再开发，在符合国土空间规划前提下，推动土地复合开发利用、用途合理转换。深化利率市场化改革，健全基准利率和市场化利率体系，更好发挥国债收益率曲线定价基准作用，提升金融机构自主定价能力。完善人民币汇率市场化形成机制，增强双向浮动弹性。加快全国技术交易平台建设，积极发展科技成果、专利等资产评估服务，促进技术要素有序流动和价格合理形成。

（三）创新要素市场化配置方式。 缩小土地征收范围，严格界定公共利益用地范围，建立土地征收目录和公共利益用地认定机制。推进国有企事业单位改革改制土地资产处置，促进存量划拨土地盘活利用。健全工业用地多主体多方式供地制度，在符合国土空间规划前提下，探索增加混合产业用地供给。促进劳动力、人才社会性流动，完善企事业单位人才流动机制，畅通人才跨所有制流动渠道。抓住全球人才流动新机遇，构建更加开放的国际人才交流合作机制。

（四）推进商品和服务市场提质增效。 推进商品市场创新发展，完善市场运行和监管规则，全面推进重要产品信息化追溯体系建设，建立打击假冒伪劣商品长效机制。构建优势互补、协作配套的现代服务市场体系。深化流通体制改革，加强全链条标准体系建设，发展"互联网+ 流通"，降低全社会物流成本。强化消费者权益保护，探索建立集体诉讼制度。

五、创新政府管理和服务方式，完善宏观经济治理体制

完善政府经济调节、市场监管、社会管理、公共服务、生态环境保护等职能，创新和完善宏观调控，进一步提高宏观经济治理能力。

（一）构建有效协调的宏观调控新机制。 加快建立与高质量发展要求相适应、体现新发展理念的宏观调控目标体系、政策体系、决策协调体系、监督考评体系和保障体系。健全以国家发展规划为战略导向，以财政政策、货币政策和就业优先政策为主要手段，投资、消费、产业、区域等政策协同发力的宏观调控制度体系，增强宏观调控前瞻性、针对性、协同性。完善国家重大发展战略和中长期经济社会发展规划制度。科学稳健把握宏观政策逆周期调节力度，更好发挥财政政策对经济结构优化升级的支持作用，健全货币政策和宏观审慎政策双支柱调控框架。实施就业优先政策，发挥民生政策兜底功能。完善促进消费的体制机制，增强消费对经济发展的基础性作用。深化投融资体制改革，发挥投资对优化供给结构的关键性作用。加强国家经济安全保障制度建设，构建国家粮食安全和战略资源能源储备体系。优化经济治理基础数据库。强化经济监测预测预警能力，充分利用大数据、人工智能等新技术，建立重大风险识别和预警机制，加强社会预期管理。

（二）加快建立现代财税制度。 优化政府间事权和财权划分，建立权责清晰、财力协调、区域均衡的中央和地方财政关系，形成稳定的各级政府事权、支出责任和财力相适应的制度。适当加强中央在知识产权保护、养老保险、跨区域生态环境保护等方面事权，减少并规范中央和地方共同事权。完善标准科学、规范透明、约束有力的预算制度，全面实施预算绩效管理，提高财政资金使用效率。依法构建管理规范、责任清晰、公开透明、风险可控的政府举债融资机制，强化监督问责。清理规范地方融资平台公司，剥离政府融资职能。深化税收制度改革，完善直接税制度并逐步提高其比重。研究将部分品目消费税征收环节后移。建立和完善综合与分类相结合的个人所得税制度。稳妥推进房地产税立法。健全地方税体系，调整完善地方税税制，培育壮大地方税税源，稳步扩大地方税管理权。

（三）强化货币政策、宏观审慎政策和金融监管协调。 建设现代中央银行制度，健全中央银行货币政策决策机制，完善基础货币投放机制，推动货币政策从数量型调控为主向价格型调控为主转型。建立现代金融监管体系，全面加强宏观审慎管理，强化综合监管，突出功能监管和行为监管，制定交叉性金融产品监管规则。加强薄弱环节金融监管制度建设，消除监管空白，守住不发生系统性金融风险底线。依法依规界定中央和地方金融监管权责分工，强化地方政府属地金融监管职责和风险处置责任。建立健全金融消费者保护基本制度。有序实现人民币资本项目可兑换，稳步推进人民币国际化。

（四）全面完善科技创新制度和组织体系。 加强国家创新体系建设，编制新一轮国家中长期科技发展规划，强化国家战略科技力量，构建社会主义市场经济条件下关键核心技术攻关新型举国体制，使国家科研资源进一步聚焦重点领域、重点项目、重点单位。健全鼓励支持基础研究、原始创新的体制机制，在重要领域适度超前布局建设国家重大科技基础设施，研究建立重大科技基础设施建设运营多元投入机制，支持民营企业参与关键领域核心技术创新攻关。建立健全应对重大公共事件科研储备和支持体系。改革完善中央财政科技计划形成机制和组织实施机制，更多支持企业承担科研任务，激励企业加大研发投入，提高科技创新绩效。建立以企业为主体、市场为导向、产学研深度融合的技术创新体系，支持大中小企业和各类主体融通创新，创新促进科技成果转化机制，完善技术成果转化公开交易与监管体系，推动科技成果转化和产业化。完善科技人才发现、培养、激励机制，健全符合科研规律的科技管理体制和政策体系，改进科技评价体系，试点赋予科研人员职务科技成果所有权或长期使用权。

（五）完善产业政策和区域政策体系。 推动产业政策向普惠化和功能性转型，强化对技术创新和结构升级的支持，加强产业政策和竞争政策协同。健全推动发展先进制造业、振兴实体经济的体制机制。建立市场化法治化化解过剩产能长效机制，健全有利于促进市场化兼并重组、转型升级的体制和政策。构建区域协调发展新机制，完善京津冀协同发展、长江经济带发展、长江三角洲区域一体化发展、粤港澳大湾区建设、黄河流域生态保护和高质量发展等国家重大区域战略推进实施机制，形成主体功能明显、优势互补、高质量发展的区域经济布局。健全城乡融合发展体制机制。

（六）以一流营商环境建设为牵引持续优化政府服务。 深入推进"放管服"改革，深化行政审批制度改革，进一步精简行政许可事项，对所有涉企经营许可事项实行"证照分离"改革，大力推进"照后减证"。全面开展工程建设项目审批制度改革。深化投资审批制度改革，简化、整合投资项目报建手续，推进投资项目承诺制改革，依托全国投资项目在线审批监管平台加强事中事后监管。创新行政管理和服务方式，深入开展"互联网+ 政务服务"，加快推进全国一体化政务服务平台建设。建立健全运用互联网、大数据、人工智能等技术手段进行行政管理的制度规则。落实《优化营商环境条例》，完善营商环境评价体系，适时在全国范围开展营商环境评价，加快打造市场化、法治化、国际化营商环境。

（七）构建适应高质量发展要求的社会信用体系和新型监管机制。 完善诚信建设长效机制，推进信用信息共享，建立政府部门信用信息向市场主体有序开放机制。健全覆盖全社会的征信体系，培育具有全球话语权的征信机构和信用评级机构。实施"信易+"工程。完善失信主体信用修复机制。建立政务诚信监测治理体系，建立健全政府失信责任追究制度。严格市场监管、质量监管、安全监管，加强违法惩戒。加强市场监管改革创新，健全以"双随机、一公开"监管为基本手段、以重点监管为补充、以信用监管为基础的新型监管机制。以食品安全、药品安全、疫苗安全为重点，健全统一权威的全过程食品药品安全监管体系。完善网络市场规制体系，促进网络市场健康发展。健全对新业态的包容审慎监管制度。

六、坚持和完善民生保障制度，促进社会公平正义

坚持按劳分配为主体、多种分配方式并存，优化收入分配格局，健全可持续的多层次社会保障体系，让改革发展成果更多更公平惠及全体人民。

（一）健全体现效率、促进公平的收入分配制度。 坚持多劳多得，着重保护劳动所得，增加劳动者特别是一线劳动者劳动报酬，提高劳动报酬在初次分配中的比重，在经济增长的同时实现居民收入同步增长，在劳动生产率提高的同时实现劳动报酬同步提高。健全劳动、资本、土地、知识、技术、管理、数据等生产要素由市场评价贡献、按贡献决定报酬的机制。完善企业薪酬调查和信息发布制度，健全最低工资标准调整机制。推进高校、科研院所薪酬制度改革，扩大工资分配自主权。鼓励企事业单位对科研人员等实行灵活多样的分配形式。健全以税收、社会保障、转移支付等为主要手段的再分配调节机制。完善第三次分配机制，发展慈善等社会公益事业。多措并举促进城乡居民增收，缩小收入分配差距，扩大中等收入群体。

（二）完善覆盖全民的社会保障体系。 健全统筹城乡、可持续的基本养老保险制度、基本医疗保险制度，稳步提高保障水平。实施企业职工基本养老保险基金中央调剂制度，尽快实现养老保险全国统筹，促进基本养老保险基金长期平衡。全面推开中央和地方划转部分国有资本充实社保基金工作。大力发展企业年金、职业年金、个人储蓄性养老保险和商业养老保险。深化医药卫生体制改革，完善统一的城乡居民医保和大病保险制度，健全基本医保筹资和待遇调整机制，持续推进医保支付方式改革，加快落实异地就医结算制度。完善失业保险制度。开展新业态从业人员职业伤害保障试点。统筹完善社会救助、社会福利、慈善事业、优抚安置等制度。加强社会救助资源统筹，完善基本民生保障兜底机制。加快建立多主体供给、多渠道保障、租购并举的住房制度，改革住房公积金制度。

（三）健全国家公共卫生应急管理体系。 强化公共卫生法治保障，完善公共卫生领域相关法律法规。把生物安全纳入国家安全体系，系统规划国家生物安全风险防控和治理体系建设，全面提高国家生物安全治理能力。健全公共卫生服务体系，优化医疗卫生资源投入结构，加强农村、社区等基层防控能力建设。完善优化重大疫情救治体系，建立健全分级、分层、分流的传染病等重大疫情救治机制。完善突发重特大疫情防控规范和应急救治管理办法。健全重大疾病医疗保险和救助制度，完善应急医疗救助机制。探索建立特殊群体、特

定疾病医药费豁免制度。健全统一的应急物资保障体系，优化重要应急物资产能保障和区域布局，健全国家储备体系，完善储备品类、规模、结构，提升储备效能。

七、建设更高水平开放型经济新体制，以开放促改革促发展

实行更加积极主动的开放战略，全面对接国际高标准市场规则体系，实施更大范围、更宽领域、更深层次的全面开放。

（一）以"一带一路"建设为重点构建对外开放新格局。 坚持互利共赢的开放战略，推动共建"一带一路"走深走实和高质量发展，促进商品、资金、技术、人员更大范围流通，依托各类开发区发展高水平经贸产业合作园区，加强市场、规则、标准方面的软联通，强化合作机制建设。加大西部和沿边地区开放力度，推进西部陆海新通道建设，促进东中西互动协同开放，加快形成陆海内外联动、东西双向互济的开放格局。

（二）加快自由贸易试验区、自由贸易港等对外开放高地建设。 深化自由贸易试验区改革，在更大范围复制推广改革成果。建设好中国（上海）自由贸易试验区临港新片区，赋予其更大的自主发展、自主改革和自主创新管理权限。聚焦贸易投资自由化便利化，稳步推进海南自由贸易港建设。

（三）健全高水平开放政策保障机制。 推进贸易高质量发展，拓展对外贸易多元化，提升一般贸易出口产品附加值，推动加工贸易产业链升级和服务贸易创新发展。办好中国国际进口博览会，更大规模增加商品和服务进口，降低关税总水平，努力消除非关税贸易壁垒，大幅削减进出口环节制度性成本，促进贸易平衡发展。推动制造业、服务业、农业扩大开放，在更多领域允许外资控股或独资经营，全面取消外资准入负面清单之外的限制。健全外商投资准入前国民待遇加负面清单管理制度，推动规则、规制、管理、标准等制度型开放。健全外商投资国家安全审查、反垄断审查、国家技术安全清单管理、不可靠实体清单等制度。健全促进对外投资政策和服务体系。全面实施外商投资法及其实施条例，促进内外资企业公平竞争，建立健全外资企业投诉工作机制，保护外资合法权益。创新对外投资方式，提升对外投资质量。推进国际产能合作，积极开展第三方市场合作。

（四）积极参与全球经济治理体系变革。 维护完善多边贸易体制，维护世界贸易组织在多边贸易体制中的核心地位，积极推动和参与世界贸易组织改革，积极参与多边贸易规则谈判，推动贸易和投资自由化便利化，推动构建更

高水平的国际经贸规则。加快自由贸易区建设，推动构建面向全球的高标准自由贸易区网络。依托共建"一带一路"倡议及联合国、上海合作组织、金砖国家、二十国集团、亚太经合组织等多边和区域次区域合作机制，积极参与全球经济治理和公共产品供给，构建全球互联互通伙伴关系，加强与相关国家、国际组织的经济发展倡议、规划和标准的对接。推动国际货币基金组织份额与治理改革以及世界银行投票权改革。积极参与国际宏观经济政策沟通协调及国际经济治理体系改革和建设，提出更多中国倡议、中国方案。

八、完善社会主义市场经济法律制度，强化法治保障

以保护产权、维护契约、统一市场、平等交换、公平竞争、有效监管为基本导向，不断完善社会主义市场经济法治体系，确保有法可依、有法必依、违法必究。

（一）完善经济领域法律法规体系。 完善物权、债权、股权等各类产权相关法律制度，从立法上赋予私有财产和公有财产平等地位并平等保护。健全破产制度，改革完善企业破产法律制度，推动个人破产立法，建立健全金融机构市场化退出法规，实现市场主体有序退出。修订反垄断法，推动社会信用法律建设，维护公平竞争市场环境。制定和完善发展规划、国土空间规划、自然资源资产、生态环境、农业、财政税收、金融、涉外经贸等方面法律法规。按照包容审慎原则推进新经济领域立法。健全重大改革特别授权机制，对涉及调整现行法律法规的重大改革，按法定程序经全国人大或国务院统一授权后，由有条件的地方先行开展改革试验和实践创新。

（二）健全执法司法对市场经济运行的保障机制。 深化行政执法体制改革，最大限度减少不必要的行政执法事项，规范行政执法行为，进一步明确具体操作流程。根据不同层级政府的事权和职能，优化配置执法力量，加快推进综合执法。强化对市场主体之间产权纠纷的公平裁判，完善涉及查封、扣押、冻结和处置公民财产行为的法律制度。健全涉产权冤错案件有效防范和常态化纠正机制。

（三）全面建立行政权力制约和监督机制。 依法全面履行政府职能，推进机构、职能、权限、程序、责任法定化，实行政府权责清单制度。健全重大行政决策程序制度，提高决策质量和效率。加强对政府内部权力的制约，强化内部流程控制，防止权力滥用。完善审计制度，对公共资金、国有资产、国有资源和领导干部履行经济责任情况实行审计全覆盖。加强重大政策、重大项目财政承受能力评估。推动审批监管、执法司法、工程建设、资源开发、海外投资和在境外国有资产监管、金融信贷、公共资源交易、公共财政支出等重点领域监督机制改革和制度建设。依法推进财政预算、公共资源配置、重大建设项目批准和实施、社会公益事业建设等领域政府信息公开。

（四）完善发展市场经济监督制度和监督机制。 坚持和完善党和国家监督体系，强化政治监督，严格约束公权力，推动落实党委（党组）主体责任、书记第一责任人责任、纪委监委监督责任。持之以恒深入推进党风廉政建设和反腐败斗争，坚决依规依纪依法查处资源、土地、规划、建设、工程、金融等领域腐败问题。完善监察法实施制度体系，围绕权力运行各个环节，压减权力设租寻租空间，坚决破除权钱交易关系网，实现执规执纪执法贯通，促进党内监督、监察监督、行政监督、司法监督、审计监督、财会监督、统计监督、群众监督、舆论监督协同发力，推动社会主义市场经济健康发展。

九、坚持和加强党的全面领导，确保改革举措有效实施

发挥党总揽全局、协调各方的领导核心作用，把党领导经济工作的制度优势转化为治理效能，强化改革落地见效，推动经济体制改革不断走深走实。

（一）坚持和加强党的领导。 进一步增强"四个意识"、坚定"四个自信"、做到"两个维护"，从战略和全局高度深刻认识加快完善社会主义市场经济体制的重大意义，把党的领导贯穿于深化经济体制改革和加快完善社会主义市场经济体制全过程，贯穿于谋划改革思路、制定改革方案、推进改革实施等各环节，确保改革始终沿着正确方向前进。

（二）健全改革推进机制。 各地区各部门要按照本意见要求并结合自身实际，制定完善配套政策或实施措施。从国情出发，坚持问题导向、目标导向和结果导向相统一，按照系统集成、协同高效要求纵深推进，在精准实施、精准落实上下足功夫，把落实党中央要求、满足实践需要、符合基层期盼统一起来，克服形式主义、官僚主义，一个领域一个领域盯住抓落实。将顶层设计与基层探索结合起来，充分发挥基层首创精神，发挥经济特区、自由贸易试验区（自由贸易港）的先行先试作用。

（三）完善改革激励机制。 健全改革的正向激励体系，强化敢于担当、攻坚克难的用人导向，注重在改革一线考察识别干部，把那些具有改革创新意识、勇于改革、善谋改革的干部用起来。巩固党风廉政建设成果，推动构建亲清政商关系。建立健全改革容错纠错机制，正确把握干部在改革创新中出现失误错误的性质和影响，切实保护干部干事创业的积极性。加强对改革典型案例、改革成效的总结推广和宣传报道，按规定给予表彰激励，为改革营造良好舆论环境和社会氛围。

附录6 国务院关于促进国家高新技术产业开发区高质量发展的若干意见

国发〔2020〕7号

各省、自治区、直辖市人民政府，国务院各部委、各直属机构：

国家高新技术产业开发区（以下简称国家高新区）经过30多年发展，已经成为我国实施创新驱动发展战略的重要载体，在转变发展方式、优化产业结构、增强国际竞争力等方面发挥了重要作用，走出了一条具有中国特色的高新技术产业化道路。为进一步促进国家高新区高质量发展，发挥好示范引领和辐射带动作用，现提出以下意见。

一、总体要求

（一）指导思想。

以习近平新时代中国特色社会主义思想为指导，贯彻落实党的十九大和十九届二中、三中、四中全会精神，牢固树立新发展理念，继续坚持"发展高科技、实现产业化"方向，以深化体制机制改革和营造良好创新创业生态为抓手，以培育发展具有国际竞争力的企业和产业为重点，以科技创新为核心着力提升自主创新能力，围绕产业链部署创新链，围绕创新链布局产业链，培育发展新动能，提升产业发展现代化水平，将国家高新区建设成为创新驱动发展示范区和高质量发展先行区。

（二）基本原则。

坚持创新驱动，引领发展。以创新驱动发展为根本路径，优化创新生态，集聚创新资源，提升自主创新能力，引领高质量发展。

坚持高新定位，打造高地。牢牢把握"高"和"新"发展定位，抢占未来科技和产业发展制高点，构建开放创新、高端产业集聚、宜创宜业宜居的增长极。

坚持深化改革，激发活力。以转型升级为目标，完善竞争机制，加强制度创新，营造公开、公正、透明和有利于促进优胜劣汰的发展环境，充分释放各类创新主体活力。

坚持合理布局，示范带动。加强顶层设计，优化整体布局，强化示范带动作用，推动区域协调可持续发展。

坚持突出特色，分类指导。根据地区资源禀赋与发展水平，探索各具特色的高质量发展模式，建立分类评价机制，实行动态管理。

（三）发展目标。

到 2025 年，国家高新区布局更加优化，自主创新能力明显增强，体制机制持续创新，创新创业环境明显改善，高新技术产业体系基本形成，建立高新技术成果产出、转化和产业化机制，攻克一批支撑产业和区域发展的关键核心技术，形成一批自主可控、国际领先的产品，涌现一批具有国际竞争力的创新型企业和产业集群，建成若干具有世界影响力的高科技园区和一批创新型特色园区。到 2035 年，建成一大批具有全球影响力的高科技园区，主要产业进入全球价值链中高端，实现园区治理体系和治理能力现代化。

二、着力提升自主创新能力

（四）大力集聚高端创新资源。　国家高新区要面向国家战略和产业发展需求，通过支持设立分支机构、联合共建等方式，积极引入境内外高等学校、科研院所等创新资源。支持国家高新区以骨干企业为主体，联合高等学校、科研院所建设市场化运行的高水平实验设施、创新基地。积极培育新型研发机构等产业技术创新组织。对符合条件纳入国家重点实验室、国家技术创新中心的，给予优先支持。

（五）吸引培育一流创新人才。　支持国家高新区面向全球招才引智。支持园区内骨干企业等与高等学校共建共管现代产业学院，培养高端人才。在国家高新区内企业工作的境外高端人才，经市级以上人民政府科技行政部门（外国人来华工作管理部门）批准，申请工作许可的年龄可放宽至 65 岁。国家高新区内企业邀请的外籍高层次管理和专业技术人才，可按规定申办多年多次的相应签证；在园区内企业工作的外国人才，可按规定申办 5 年以内的居留许可。对在国内重点高等学校获得本科以上学历的优秀留学生以及国际知名高校毕业的外国学生，在国家高新区从事创新创业活动的，提供办理居留许可便利。

（六）加强关键核心技术创新和成果转移转化。　国家高新区要加大基础和应用研究投入，加强关键共性技术、前沿引领技术、现代工程技术、颠覆性技术联合攻关和产业化应用，推动技术创新、标准化、知识产权和产业化深度融合。支持国家高新区内相关单位承担国家和地方科技计划项目，支持重大创新成果在园区落地转化并实现产品化、产业化。支持在国家高新区内建设科技成果中试工程化服务平台，并探索风险分担机制。探索职务科技成果所有权改革。加强专业化技术转移机构和技术成果交易平台建设，培育科技咨询师、技术经纪人等专业人才。

三、进一步激发企业创新发展活力

（七）支持高新技术企业发展壮大。 引导国家高新区内企业进一步加大研发投入，建立健全研发和知识产权管理体系，加强商标品牌建设，提升创新能力。建立健全政策协调联动机制，落实好研发费用加计扣除、高新技术企业所得税减免、小微企业普惠性税收减免等政策。持续扩大高新技术企业数量，培育一批具有国际竞争力的创新型企业。进一步发挥高新区的发展潜力，培育一批独角兽企业。

（八）积极培育科技型中小企业。 支持科技人员携带科技成果在国家高新区内创新创业，通过众创、众包、众扶、众筹等途径，孵化和培育科技型创业团队和初创企业。扩大首购、订购等非招标方式的应用，加大对科技型中小企业重大创新技术、产品和服务采购力度。将科技型中小企业培育孵化情况列入国家高新区高质量发展评价指标体系。

（九）加强对科技创新创业的服务支持。 强化科技资源开放和共享，鼓励园区内各类主体加强开放式创新，围绕优势专业领域建设专业化众创空间和科技企业孵化器。发展研究开发、技术转移、检验检测认证、创业孵化、知识产权、科技咨询等科技服务机构，提升专业化服务能力。继续支持国家高新区打造科技资源支撑型、高端人才引领型等创新创业特色载体，完善园区创新创业基础设施。

四、推进产业迈向中高端

（十）大力培育发展新兴产业。 加强战略前沿领域部署，实施一批引领型重大项目和新技术应用示范工程，构建多元化应用场景，发展新技术、新产品、新业态、新模式。推动数字经济、平台经济、智能经济和分享经济持续壮大发展，引领新旧动能转换。引导企业广泛应用新技术、新工艺、新材料、新设备，推进互联网、大数据、人工智能同实体经济深度融合，促进产业向智能化、高端化、绿色化发展。探索实行包容审慎的新兴产业市场准入和行业监管模式。

（十一）做大做强特色主导产业。　国家高新区要立足区域资源禀赋和本地基础条件，发挥比较优势，因地制宜、因园施策，聚焦特色主导产业，加强区域内创新资源配置和产业发展统筹，优先布局相关重大产业项目，推动形成集聚效应和品牌优势，做大做强特色主导产业，避免趋同化。发挥主导产业战略引领作用，带动关联产业协同发展，形成各具特色的产业生态。支持以领军企业为龙头，以产业链关键产品、创新链关键技术为核心，推动建立专利导航产业发展工作机制，集成大中小企业、研发和服务机构等，加强资源高效配置，培育若干世界级创新型产业集群。

五、加大开放创新力度

（十二）推动区域协同发展。　支持国家高新区发挥区域创新的重要节点作用，更好服务于京津冀协同发展、长江经济带发展、粤港澳大湾区建设、长三角一体化发展、黄河流域生态保护和高质量发展等国家重大区域发展战略实施。鼓励东部国家高新区按照市场导向原则，加强与中西部国家高新区对口合作和交流。探索异地孵化、飞地经济、伙伴园区等多种合作机制。

（十三）打造区域创新增长极。　鼓励以国家高新区为主体整合或托管区位相邻、产业互补的省级高新区或各类工业园区等，打造更多集中连片、协同互补、联合发展的创新共同体。支持符合条件的地区依托国家高新区按相关规定程序申请设立综合保税区。支持国家高新区跨区域配置创新要素，提升周边区域市场主体活力，深化区域经济和科技一体化发展。鼓励有条件的地方整合国家高新区资源，打造国家自主创新示范区，在更高层次探索创新驱动发展新路径。

（十四）融入全球创新体系。　面向未来发展和国际市场竞争，在符合国际规则和通行惯例的前提下，支持国家高新区通过共建海外创新中心、海外创业基地和国际合作园区等方式，加强与国际创新产业高地联动发展，加快引进集聚国际高端创新资源，深度融合国际产业链、供应链、价值链。服务园区内企业"走出去"，参与国际标准和规则制定，拓展新兴市场。鼓励国家高新区开展多种形式的国际园区合作，支持国家高新区与"一带一路"沿线国家开展人才交流、技术交流和跨境协作。

六、营造高质量发展环境

（十五）深化管理体制机制改革。　建立授权事项清单制度，赋予国家高新区相应的科技创新、产业促进、人才引进、市场准入、项目审批、财政金融等省级和市级经济管理权限。建立国家高新区与省级有关部门直通车制度。优化内部管理架构，实行扁平化管理，整合归并内设机构，实行大部门制，合理配置内设机构职能。鼓励有条件的国家高新区探索岗位管理制度，实行聘用制，并建立完善符合实际的分配激励和考核机制。支持国家高新区探索新型治理模式。

（十六）优化营商环境。 进一步深化"放管服"改革，加快国家高新区投资项目审批改革，实行企业投资项目承诺制、容缺受理制，减少不必要的行政干预和审批备案事项。进一步深化商事制度改革，放宽市场准入，简化审批程序，加快推进企业简易注销登记改革。在国家高新区复制推广自由贸易试验区、国家自主创新示范区等相关改革试点政策，加强创新政策先行先试。

（十七）加强金融服务。 鼓励商业银行在国家高新区设立科技支行。支持金融机构在国家高新区开展知识产权投融资服务，支持开展知识产权质押融资，开发完善知识产权保险，落实首台（套）重大技术装备保险等相关政策。大力发展市场化股权投资基金。引导创业投资、私募股权、并购基金等社会资本支持高成长企业发展。鼓励金融机构创新投贷联动模式，积极探索开展多样化的科技金融服务。创新国有资本创投管理机制，允许园区内符合条件的国有创投企业建立跟投机制。支持国家高新区内高成长企业利用科创板等多层次资本市场挂牌上市。支持符合条件的国家高新区开发建设主体上市融资。

（十八）优化土地资源配置。 强化国家高新区建设用地开发利用强度、投资强度、人均用地指标整体控制，提高平均容积率，促进园区紧凑发展。符合条件的国家高新区可以申请扩大区域范围和面积。省级人民政府在安排土地利用年度计划时，应统筹考虑国家高新区用地需求，优先安排创新创业平台建设用地。鼓励支持国家高新区加快消化批而未供土地，处置闲置土地。鼓励地方人民政府在国家高新区推行支持新产业、新业态发展用地政策，依法依规利用集体经营性建设用地，建设创新创业等产业载体。

（十九）建设绿色生态园区。 支持国家高新区创建国家生态工业示范园区，严格控制高污染、高耗能、高排放企业入驻。加大国家高新区绿色发展的指标权重。加快产城融合发展，鼓励各类社会主体在国家高新区投资建设信息化等基础设施，加强与市政建设接轨，完善科研、教育、医疗、文化等公共服务设施，推进安全、绿色、智慧科技园区建设。

七、加强分类指导和组织管理

（二十）加强组织领导。 坚持党对国家高新区工作的统一领导。国务院科技行政部门要会同有关部门，做好国家高新区规划引导、布局优化和政策支持等相关工作。省级人民政府要将国家高新区作为实施创新驱动发展战略的重要载体，加强对省内国家高新区规划建设、产业发展和创新资源配置的统筹。所在地市级人民政府要切实承担国家高新区建设的主体责任，加强国家高新区领导班子配备和干部队伍建设，并给予国家高新区充分的财政、土地等政策保障。加强分类指导，坚持高质量发展标准，根据不同地区、不同阶段、不同发展基础和创新资源等情况，对符合条件、有优势、有特色的省级高新区加快"以升促建"。

（二十一）强化动态管理。 制定国家高新区高质量发展评价指标体系，突出研发经费投入、成果转移转化、创新创业质量、科技型企业培育发展、经济运行效率、产业竞争能力、单位产出能耗等内容。加强国家高新区数据统计、运行监测和绩效评价。建立国家高新区动态管理机制，对评价考核结果好的国家高新区予以通报表扬，统筹各类资金、政策等加大支持力度；对评价考核结果较差的通过约谈、通报等方式予以警告；对整改不力的予以撤销，退出国家高新区序列。

国务院
2020 年 7 月 13 日

附录7 国务院办公厅关于进一步优化营商环境更好服务市场主体的实施意见

国办发〔2020〕24号

各省、自治区、直辖市人民政府，国务院各部委、各直属机构：

党中央、国务院高度重视深化"放管服"改革优化营商环境工作。近年来，我国营商环境明显改善，但仍存在一些短板和薄弱环节，特别是受新冠肺炎疫情等影响，企业困难凸显，亟需进一步聚焦市场主体关切，对标国际先进水平，既立足当前又着眼长远，更多采取改革的办法破解企业生产经营中的堵点痛点，强化为市场主体服务，加快打造市场化法治化国际化营商环境，这是做好"六稳"工作、落实"六保"任务的重要抓手。为持续深化"放管服"改革优化营商环境，更大激发市场活力，增强发展内生动力，经国务院同意，现提出以下意见。

一、持续提升投资建设便利度

（一）优化再造投资项目前期审批流程。 从办成项目前期"一件事"出发，健全部门协同工作机制，加强项目立项与用地、规划等建设条件衔接，推动有条件的地方对项目可行性研究、用地预审、选址、环境影响评价、安全评价、水土保持评价、压覆重要矿产资源评估等事项，实行项目单位编报一套材料，政府部门统一受理、同步评估、同步审批、统一反馈，加快项目落地。优化全国投资项目在线审批监管平台审批流程，实现批复文件等在线打印。（国家发展改革委牵头，国务院相关部门及各地区按职责分工负责）

（二）进一步提升工程建设项目审批效率。 全面推行工程建设项目分级分类管理，在确保安全前提下，对社会投资的小型低风险新建、改扩建项目，由政府部门发布统一的企业开工条件，企业取得用地、满足开工条件后作出相关承诺，政府部门直接发放相关证书，项目即可开工。加快推动工程建设项目全流程在线审批，推进工程建设项目审批管理系统与投资审批、规划、消防等管理系统数据实时共享，实现信息一次填报、材料一次上传、相关评审意见和

212

审批结果即时推送。2020年底前将工程建设项目审批涉及的行政许可、备案、评估评审、中介服务、市政公用服务等纳入线上平台，公开办理标准和费用。（住房城乡建设部牵头，国务院相关部门及各地区按职责分工负责）

（三）深入推进"多规合一"。 抓紧统筹各类空间性规划，积极推进各类相关规划数据衔接或整合，推动尽快消除规划冲突和"矛盾图斑"。统一测绘技术标准和规则，在用地、规划、施工、验收、不动产登记等各阶段，实现测绘成果共享互认，避免重复测绘。（自然资源部牵头，住房城乡建设部等国务院相关部门及各地区按职责分工负责）

二、进一步简化企业生产经营审批和条件

（四）进一步降低市场准入门槛。 围绕工程建设、教育、医疗、体育等领域，集中清理有关部门和地方在市场准入方面对企业资质、资金、股比、人员、场所等设置的不合理条件，列出台账并逐项明确解决措施、责任主体和完成时限。研究对诊所设置、诊所执业实行备案管理，扩大医疗服务供给。对于海事劳工证书，推动由政府部门直接受理申请、开展检查和签发，不再要求企业为此接受船检机构检查，且不收取企业办证费用。通过在线审批等方式简化跨地区巡回演出审批程序。（国家发展改革委、教育部、住房城乡建设部、交通运输部、商务部、文化和旅游部、国家卫生健康委、体育总局等国务院相关部门及各地区按职责分工负责）

（五）精简优化工业产品生产流通等环节管理措施。 2020年底前将保留的重要工业产品生产许可证管理权限全部下放给省级人民政府市场监督管理部门。加强机动车生产、销售、登记、维修、保险、报废等信息的共享和应用，提升机动车流通透明度。督促地方取消对二手车经销企业登记注册地设置的不合理规定，简化二手车经销企业购入机动车交易登记手续。2020年底前优化新能源汽车免征车辆购置税的车型目录和享受车船税减免优惠的车型目录发布程序，实现与道路机动车辆生产企业及产品公告"一次申报、一并审查、一批发布"，企业依据产品公告即可享受相关税收减免政策。（工业和信息化部、公安部、财政部、交通运输部、商务部、税务总局、市场监管总局、银保监会等国务院相关部门按职责分工负责）

（六）降低小微企业等经营成本。 支持地方开展"一照多址"改革，简化企业设立分支机构的登记手续。在确保食品安全前提下，鼓励有条件的地方合理放宽对连锁便利店制售食品在食品处理区面积等方面的审批要求，探索将食品经营许可（仅销售预包装食品）改为备案，合理制定并公布商户牌匾、照明设施等标准。鼓励引导平台企业适当降低向小微商户收取的平台佣金等服务费用和条码支付、互联网支付等手续费，严禁平台企业滥用市场支配地位收取不公平的高价服务费。在保障劳动者职业健康前提下，对职业病危害一般的用人单位适当降低职业病危害因素检测频次。在工程建设、政府采购等领域，推行以保险、保函等替代现金缴纳涉企保证金，减轻企业现金流压力。（市场监管总局、中央网信办、工业和信息化部、财政部、住房城乡建设部、交通运输部、水利部、国家卫生健康委、人民银行、银保监会等相关部门及各地区按职责分工负责）

三、优化外贸外资企业经营环境

（七）**进一步提高进出口通关效率。** 推行进出口货物"提前申报"，企业提前办理申报手续，海关在货物运抵海关监管作业场所后即办理货物查验、放行手续。优化进口"两步申报"通关模式，企业进行"概要申报"且海关完成风险排查处置后，即允许企业将货物提离。在符合条件的监管作业场所开展进口货物"船边直提"和出口货物"抵港直装"试点。推行查验作业全程监控和留痕，允许有条件的地方实行企业自主选择是否陪同查验，减轻企业负担。严禁口岸为压缩通关时间简单采取单日限流、控制报关等不合理措施。（海关总署牵头，国务院相关部门及各地区按职责分工负责）

（八）**拓展国际贸易"单一窗口"功能。** 加快"单一窗口"功能由口岸通关执法向口岸物流、贸易服务等全链条拓展，实现港口、船代、理货等收费标准线上公开、在线查询。除涉密等特殊情况外，进出口环节涉及的监管证件原则上都应通过"单一窗口"一口受理，由相关部门在后台分别办理并实施监管，推动实现企业在线缴费、自主打印证件。（海关总署牵头，生态环境部、交通运输部、农业农村部、商务部、市场监管总局、国家药监局等国务院相关部门及各地区按职责分工负责）

（九）**进一步减少外资外贸企业投资经营限制。** 支持外贸企业出口产品转内销，推行以外贸企业自我声明等方式替代相关国内认证，对已经取得相关国际认证且认证标准不低于国内标准的产品，允许外贸企业作出符合国内标准的书面承诺后直接上市销售，并加强事中事后监管。授权全国所有地级及以上城市开展外商投资企业注册登记。（商务部、市场监管总局等国务院相关部门及各地区按职责分工负责）

四、进一步降低就业创业门槛

（十）优化部分行业从业条件。 推动取消除道路危险货物运输以外的道路货物运输驾驶员从业资格考试，并将相关考试培训内容纳入相应等级机动车驾驶证培训，驾驶员凭培训结业证书和机动车驾驶证申领道路货物运输驾驶员从业资格证。改革执业兽医资格考试制度，便利兽医相关专业高校在校生报名参加考试。加快推动劳动者入职体检结果互认，减轻求职者负担。（人力资源社会保障部、交通运输部、农业农村部等国务院相关部门及各地区按职责分工负责）

（十一）促进人才流动和灵活就业。 2021 年 6 月底前实现专业技术人才职称信息跨地区在线核验，鼓励地区间职称互认。引导有需求的企业开展"共享用工"，通过用工余缺调剂提高人力资源配置效率。统一失业保险转移办理流程，简化失业保险申领程序。各地要落实属地管理责任，在保障安全卫生、不损害公共利益等条件下，坚持放管结合，合理设定流动摊贩经营场所。（人力资源社会保障部、市场监管总局、住房城乡建设部等国务院相关部门及各地区按职责分工负责）

（十二）完善对新业态的包容审慎监管。 加快评估已出台的新业态准入和监管政策，坚决清理各类不合理管理措施。在保证医疗安全和质量前提下，进一步放宽互联网诊疗范围，将符合条件的互联网医疗服务纳入医保报销范围，制定公布全国统一的互联网医疗审批标准，加快创新型医疗器械审评审批并推进临床应用。统一智能网联汽车自动驾驶功能测试标准，推动实现封闭场地测试结果全国通用互认，督促封闭场地向社会公开测试服务项目及收费标准，简化测试通知书申领及异地换发手续，对测试通知书到期但车辆状态未改变的无需重复测试、直接延长期限。降低导航电子地图制作测绘资质申请条件，压减资质延续和信息变更的办理时间。（工业和信息化部、公安部、自然资源部、交通运输部、国家卫生健康委、国家医保局、国家药监局等国务院相关部门及各地区按职责分工负责）

（十三）增加新业态应用场景等供给。 围绕城市治理、公共服务、政务服务等领域，鼓励地方通过搭建供需对接平台等为新技术、新产品提供更多应用场景。在条件成熟的特定路段及有需求的机场、港口、园区等区域探索开展智能网联汽车示范应用。建立健全政府及公共服务机构数据开放共享规则，推动公共交通、路政管理、医疗卫生、养老等公共服务领域和政府部门数据有序开放。（国家发展改革委牵头，中央网信办、工业和信息化部、公安部、民政部、住房城乡建设部、交通运输部、国家卫生健康委等相关部门及各地区按职责分工负责）

五、提升涉企服务质量和效率

（十四）推进企业开办经营便利化。 全面推行企业开办全程网上办，提升企业名称自主申报系统核名智能化水平，在税务、人力资源社会保障、公积金、商业银行等服务领域加快实现电子营业执照、电子印章应用。放宽小微企业、个体工商户登记经营场所限制。探索推进"一业一证"改革，将一个行业准入涉及的多张许可证整合为一张许可证，实现"一证准营"、跨地互认通用。梳理各类强制登报公告事项，研究推动予以取消或调整为网上免费公告。加快推进政务服务事项跨省通办。（市场监管总局、国务院办公厅、司法部、人力资源社会保障部、住房城乡建设部、人民银行、税务总局、银保监会、证监会等国务院相关部门及各地区按职责分工负责）

（十五）持续提升纳税服务水平。 2020年底前基本实现增值税专用发票电子化，主要涉税服务事项基本实现网上办理。简化增值税等税收优惠政策申报程序，原则上不再设置审批环节。强化税务、海关、人民银行等部门数据共享，加快出口退税进度，推行无纸化单证备案。（税务总局牵头，人民银行、海关总署等国务院相关部门按职责分工负责）

（十六）进一步提高商标注册效率。 提高商标网上服务系统数据更新频率，提升系统智能检索功能，推动实现商标图形在线自动比对。进一步压缩商标异议、驳回复审的审查审理周期，及时反馈审查审理结果。2020年底前将商标注册平均审查周期压缩至4个月以内。（国家知识产权局负责）

（十七）优化动产担保融资服务。 鼓励引导商业银行支持中小企业以应收账款、生产设备、产品、车辆、船舶、知识产权等动产和权利进行担保融资。推动建立以担保人名称为索引的电子数据库，实现对担保品登记状态信息的在线查询、修改或撤销。（人民银行牵头，国家发展改革委、公安部、交通运输部、市场监管总局、银保监会、国家知识产权局等国务院相关部门按职责分工负责）

六、完善优化营商环境长效机制

（十八）建立健全政策评估制度。 研究制定建立健全政策评估制度的指导意见，以政策效果评估为重点，建立对重大政策开展事前、事后评估的长效

机制，推进政策评估工作制度化、规范化，使政策更加科学精准、务实管用。（国务院办公厅牵头，各地区、各部门负责）

（十九）**建立常态化政企沟通联系机制。**　加强与企业和行业协会商会的常态化联系，完善企业服务体系，加快建立营商环境诉求受理和分级办理"一张网"，更多采取"企业点菜"方式推进"放管服"改革。加快推进政务服务热线整合，进一步规范政务服务热线受理、转办、督办、反馈、评价流程，及时回应企业和群众诉求。（国务院办公厅牵头，国务院相关部门和单位及各地区按职责分工负责）

（二十）**抓好惠企政策兑现。**　各地要梳理公布惠企政策清单，根据企业所属行业、规模等主动精准推送政策，县级政府出台惠企措施时要公布相关负责人及联系方式，实行政策兑现"落实到人"。鼓励推行惠企政策"免申即享"，通过政府部门信息共享等方式，实现符合条件的企业免予申报、直接享受政策。对确需企业提出申请的惠企政策，要合理设置并公开申请条件，简化申报手续，加快实现一次申报、全程网办、快速兑现。（各地区、各部门负责）

各地区、各部门要认真贯彻落实本意见提出的各项任务和要求，围绕市场主体需求，研究推出更多务实管用的改革举措，相关落实情况年底前报国务院。有关改革事项涉及法律法规调整的，要按照重大改革于法有据的要求，抓紧推动相关法律法规的立改废释。国务院办公厅要加强对深化"放管服"改革和优化营商环境工作的业务指导，强化统筹协调和督促落实，确保改革措施落地见效。

国务院办公厅

2020 年 7 月 15 日

附录8　国务院办公厅关于进一步做好稳外贸稳外资工作的意见

国办发〔2020〕28号

各省、自治区、直辖市人民政府，国务院各部委、各直属机构：

当前国际疫情持续蔓延，世界经济严重衰退，我国外贸外资面临复杂严峻形势。为深入贯彻习近平总书记关于稳住外贸外资基本盘的重要指示批示精神，落实党中央、国务院决策部署，做好"六稳"工作，落实"六保"任务，进一步加强稳外贸稳外资工作，稳住外贸主体，稳住产业链供应链，经国务院同意，现提出以下意见：

一、**更好发挥出口信用保险作用**。中国出口信用保险公司在风险可控前提下，积极保障出运前订单被取消的风险。2020年底前，中国出口信用保险公司根据外贸企业申请，可合理变更短期险支付期限或延长付款宽限期、报损期限等。（财政部、商务部、银保监会、中国出口信用保险公司按职责分工负责）

二、**支持有条件的地方复制或扩大"信保＋担保"的融资模式**。鼓励有条件的地方支持政府性融资担保机构参与风险分担，对出口信用保险赔付额以外的贷款本金进行一定比例的担保，商业银行在"信保＋担保"条件下，合理确定贷款利率。（各地方人民政府，财政部、商务部、银保监会、中国出口信用保险公司按职责分工负责）

三、**以多种方式为外贸企业融资提供增信支持**。充分发挥国家融资担保基金和地方政府性融资担保机构作用，参与外贸领域融资风险分担，支持、引导各类金融机构加大对小微外贸企业融资支持。（各地方人民政府，财政部、商务部、人民银行、银保监会按职责分工负责）鼓励银行机构结合内部风险管理要求，与资质较好的外贸类服务平台进行合作，获取贸易相关信息和资信评估服务，优化贸易背景真实性审核，更好服务外贸企业。（各地方人民政府，商务部、银保监会按职责分工负责）

四、**进一步扩大对中小微外贸企业出口信贷投放**。更好发挥金融支持作

218

用，进一步加大对中小微外贸企业的信贷投放，缓解融资难、融资贵问题。（各地方人民政府，财政部、商务部、人民银行、银保监会、进出口银行按职责分工负责）

五、支持贸易新业态发展。尽快推动在有条件的地方新增一批市场采购贸易方式试点，力争将全国试点总量扩大至 30 个左右，带动中小微企业出口。（商务部牵头，各地方人民政府，发展改革委、财政部、海关总署、税务总局、市场监管总局、外汇局按职责分工负责）充分利用外经贸发展专项资金、服务贸易创新发展引导基金等现有渠道，支持跨境电商平台、跨境物流发展和海外仓建设等。鼓励进出口银行、中国出口信用保险公司等各类金融机构在风险可控前提下积极支持海外仓建设。（商务部牵头，财政部、银保监会、进出口银行、中国出口信用保险公司按职责分工负责）深入落实外贸综合服务企业代办退税管理办法，不断优化退税服务，持续加快退税进度。加大对外贸综合服务企业的信用培育力度，使更多符合认证标准的外贸综合服务企业成为海关"经认证的经营者"（AEO）。（商务部、海关总署、税务总局按职责分工负责）

六、引导加工贸易梯度转移。鼓励有条件的地方结合当地实际，通过基金等方式，支持加工贸易梯度转移。培育一批东部与中西部、东北地区共建的加工贸易产业园区。借助中国加工贸易产品博览会等平台，完善产业转移对接机制。鼓励中西部、东北地区发挥优势，承接劳动密集型外贸产业。（各地方人民政府，财政部、商务部按职责分工负责）

七、加大对劳动密集型企业支持力度。对纺织品、服装、家具、鞋靴、塑料制品、箱包、玩具、石材、农产品、消费电子类产品等劳动密集型产品出口企业，在落实减税降费、出口信贷、出口信保、稳岗就业、用电用水等各项普惠性政策基础上进一步加大支持力度。（各地方人民政府，发展改革委、工业和信息化部、财政部、人力资源社会保障部、商务部、人民银行、税务总局、银保监会、进出口银行、中国出口信用保险公司按职责分工负责）

八、助力大型骨干外贸企业破解难题。研究确定大型骨干外贸企业名单，梳理大型骨干外贸企业及其核心配套企业需求，建立问题批办制度，推动解决生产经营中遇到的矛盾问题，在进出口各环节予以支持，"一企一策"做好服务。研究在风险可控前提下，对大型骨干外贸企业进一步加快出口退税进度的支持措施。（商务部牵头，工业和信息化部、海关总署、税务总局、进出口银行、中国出口信用保险公司按职责分工负责）

九、拓展对外贸易线上渠道。推进"线上一国一展",支持和鼓励有能力、有意愿的地方政府、重点行业协会举办线上展会。用好外经贸发展专项资金,在规定范围内,支持中小外贸企业开拓市场,参加线上线下展会。发挥好国内商协会、驻外机构、海外中资企业协会作用,积极对接国外商协会,帮助出口企业对接更多海外买家。(各地方人民政府,外交部、工业和信息化部、财政部、商务部按职责分工负责)

十、进一步提升通关便利化水平。持续优化口岸营商环境,继续巩固压缩货物整体通关时间成效,进一步推动规范和降低进出口环节合规成本,在有条件的口岸推广口岸收费"一站式阳光价格",提升口岸收费透明度和可比性。加大对出口企业提供技术贸易措施咨询服务力度,助力企业开拓海外市场。推进扩大油脂油料、肉类、乳品市场准入,促进进口,保障市场供应。(海关总署负责)

十一、提高外籍商务人员来华便利度。在严格落实好防疫要求前提下,继续与有关国家商谈建立"快捷通道",为外贸外资企业重要商务、物流、生产和技术服务急需人员往来提供便利。继续对符合条件的来华复工复产外国人全面实施"快捷通道"。参照"快捷通道"有关做法,本着"防疫为先、确保必需、压实责任、体现便利"原则,对来华从事必要经贸、科技等活动的外国人作出便利性安排。支持地方结合当地市场采购贸易方式特点,开通专有通道,便利外商入市采购,优先安排在华常驻外商尽快返华入市。在做好疫情防控的前提下,逐步有序恢复中外人员往来。按照国务院联防联控机制部署,分阶段增加国际客运航班总量,在防疫证明齐全的情况下,适度增加与我主要投资来源地民航班次,便利外籍商务人员来华。(各地方人民政府,外交部、发展改革委、商务部、移民局、民航局按职责分工负责)

十二、给予重点外资企业金融支持。外资企业同等适用现有 1.5 万亿元再贷款再贴现专项额度支持。加大对重点外资企业的金融支持力度,进出口银行 5700 亿元新增贷款规模可用于积极支持符合条件的重点外资企业。各省区市商务主管部门摸清辖区内重点外资企业融资需求及经营情况,及时与银行业金融机构共享重点外资企业信息,加强各地外资企业协会等机构与银行业金融机构的合作,推动开展"银企对接",银行业金融机构按市场化原则积极保障重点外资企业融资需求。(各地方人民政府,人民银行、商务部、银保监会、进出口银行按职责分工负责)

十三、加大重点外资项目支持服务力度。对全国范围内投资额 1 亿美元以上的重点外资项目，梳理形成清单，在前期、在建和投产等环节，内外资一视同仁加大用海、用地、能耗、环保等方面服务保障力度。（各地方人民政府，商务部、发展改革委、自然资源部、生态环境部按职责分工负责）

十四、鼓励外资更多投向高新技术产业。推动高新技术企业认定管理和服务的便利化，进一步加强对外商投资企业申请高新技术企业认定的培训和宣传解读，着重加强对疫情防控等应急领域企业的政策服务，吸引更多外资投向高新技术和民生健康领域。（科技部牵头，财政部、税务总局按职责分工负责）

十五、降低外资研发中心享受优惠政策门槛。降低适用支持科技创新进口税收政策的外资研发中心专职研究与试验发展人员数量要求，鼓励外商来华投资设立研发中心，提升引资质量。（财政部牵头，商务部、税务总局按职责分工负责）

各地区、各部门要以习近平新时代中国特色社会主义思想为指导，增强"四个意识"、坚定"四个自信"、做到"两个维护"，坚决贯彻党中央、国务院决策部署，提高站位、积极作为、狠抓落实。各地区要结合实际，完善配套措施，认真组织实施，推动各项政策在本地区落地见效。各部门要按职责分工，加强协作、形成合力，确保各项政策落实到位。

国务院办公厅

2020 年 8 月 5 日

附录9　国务院办公厅关于深化商事制度改革进一步为企业松绑减负激发企业活力的通知

国办发〔2020〕29号

各省、自治区、直辖市人民政府，国务院各部委、各直属机构：

党中央、国务院高度重视商事制度改革。近年来，商事制度改革取得显著成效，市场准入更加便捷，市场监管机制不断完善，市场主体繁荣发展，营商环境大幅改善。但从全国范围看，"准入不准营"现象依然存在，宽进严管、协同共治能力仍需强化。为更好统筹推进新冠肺炎疫情防控和经济社会发展，加快打造市场化、法治化、国际化营商环境，充分释放社会创业创新潜力、激发企业活力，经国务院同意，现将有关事项通知如下：

一、推进企业开办全程网上办理

（一）全面推广企业开办"一网通办"。2020年年底前，各省、自治区、直辖市和新疆生产建设兵团全部开通企业开办"一网通办"平台，做到企业开办全程网上办理，进一步压减企业开办时间至4个工作日内或更少。在此基础上，探索推动企业开办标准化、规范化试点。

（二）持续提升企业开办服务能力。依托"一网通办"平台，推行企业登记、公章刻制、申领发票和税控设备、员工参保登记、住房公积金企业缴存登记线上"一表填报"申请办理。具备条件的地方实现办齐的材料线下"一个窗口"一次领取，或者通过寄递、自助打印等实现不见面办理。在加强监管、保障安全前提下，大力推进电子营业执照、电子发票、电子印章在更广领域运用。

二、推进注册登记制度改革取得新突破

（三）加大住所与经营场所登记改革力度。支持各省级人民政府统筹开展住所与经营场所分离登记试点。市场主体可以登记一个住所和多个经营场所。对住所作为通信地址和司法文书（含行政执法文书）送达地登记，实行自主申报承诺制。对经营场所，各地可结合实际制定有关管理措施。对于市场主体在住所以外开展经营活动、属于同一县级登记机关管辖的，免于设立分支机构，申请增加经营场所登记即可，方便企业扩大经营规模。

（四）提升企业名称自主申报系统核名智能化水平。依法规范企业名称登记管理工作，运用大数据、人工智能等技术手段，加强禁限用字词库实时维护，提升对不适宜字词的分析和识别能力。推进与商标等商业标识数据库的互联共享，丰富对企业的告知提示内容。探索"企业承诺＋事中事后监管"，减少"近似名称"人工干预。加强知名企业名称字号保护，建立名称争议处理机制。

三、简化相关涉企生产经营和审批条件

（五）推动工业产品生产许可证制度改革。将建筑用钢筋、水泥、广播电视传输设备、人民币鉴别仪、预应力混凝土铁路桥简支梁 5 类产品审批下放至省级市场监管部门。健全严格的质量安全监管措施，加强监督指导，守住质量安全底线。进一步扩大告知承诺实施范围，推动化肥产品由目前的后置现场审查调整为告知承诺。开展工业产品生产许可证有关政策、标准和技术规范宣传解读，加强对企业申办许可证的指导，帮助企业便利取证。

（六）完善强制性产品认证制度。扩大指定认证实施机构范围，提升实施机构的认证检测一站式服务能力，便利企业申请认证检测。防爆电气、燃气器具和大容积冰箱转为强制性产品认证费用由财政负担。简化出口转内销产品认证程序。督促指导强制性产品指定认证实施机构通过开辟绿色通道、接受已有合格评定结果、拓展在线服务等措施，缩短认证证书办理时间，降低认证成本。做好认证服务及技术支持，为出口转内销企业提供政策和技术培训，精简优化认证方案，安排专门人员对认证流程进行跟踪，合理减免出口转内销产品强制性产品认证费用。

（七）深化检验检测机构资质认定改革。将疫情防控期间远程评审等应急措施长效化。2021 年在全国范围内推行检验检测机构资质认定告知承诺制。全面推行检验检测机构资质认定网上审批，完善机构信息查询功能。

（八）加快培育企业标准"领跑者"。优化企业标准"领跑者"制度机制，完善评估方案，推动第三方评价机构发布一批企业标准排行榜，形成 2020 年度企业标准"领跑者"名单，引导更多企业声明公开更高质量的标准。

四、加强事中事后监管

（九）加强企业信息公示。以统一社会信用代码为标识，整合形成更加完善的企业信用记录，并通过国家企业信用信息公示系统、"信用中国"网站或中国政府网及相关部门门户网站等渠道，依法依规向社会公开公示。

（十）健全失信惩戒机制。 落实企业年报"多报合一"政策，进一步优化工作机制，大力推行信用承诺制度，健全完善信用修复、强制退出等制度机制。依法依规运用各领域严重失信名单等信用管理手段，提高协同监管水平，加强失信惩戒。

（十一）推进实施智慧监管。 在市场监管领域，进一步完善以"双随机、一公开"监管为基本手段、以重点监管为补充、以信用监管为基础的新型监管机制。健全完善缺陷产品召回制度，督促企业履行缺陷召回法定义务，消除产品安全隐患。推进双随机抽查与信用风险分类监管相结合，充分运用大数据等技术，针对不同风险等级、信用水平的检查对象采取差异化分类监管措施，逐步做到对企业信用风险状况以及主要风险点精准识别和预测预警。

（十二）规范平台经济监管行为。 坚持审慎包容、鼓励创新原则，充分发挥平台经济行业自律和企业自治作用，引导平台经济有序竞争，反对不正当竞争，规范发展线上经济。依法查处电子商务违法行为，维护公平有序的市场秩序，为平台经济发展营造良好营商环境。

各地区、各部门要认真贯彻落实本通知提出的各项任务和要求，聚焦企业生产经营的堵点痛点，加强政策统筹协调，切实落实工作责任，认真组织实施，形成工作合力。市场监管总局要会同有关部门加强工作指导，及时总结推广深化商事制度改革典型经验做法，协调解决实施中存在的问题，确保各项改革措施落地见效。

国务院办公厅

2020 年 9 月 1 日

附录10　国务院办公厅关于以新业态新模式引领新型消费加快发展的意见

国办发〔2020〕32号

各省、自治区、直辖市人民政府，国务院各部委、各直属机构：

近年来，我国以网络购物、移动支付、线上线下融合等新业态新模式为特征的新型消费迅速发展，特别是今年新冠肺炎疫情发生以来，传统接触式线下消费受到影响，新型消费发挥了重要作用，有效保障了居民日常生活需要，推动了国内消费恢复，促进了经济企稳回升。但也要看到，新型消费领域发展还存在基础设施不足、服务能力偏弱、监管规范滞后等突出短板和问题。在常态化疫情防控条件下，为着力补齐新型消费短板、以新业态新模式为引领加快新型消费发展，经国务院同意，现提出以下意见。

一、总体要求

（一）指导思想。

在以习近平同志为核心的党中央坚强领导下，以习近平新时代中国特色社会主义思想为指导，全面贯彻党的十九大和十九届二中、三中、四中全会精神，坚持稳中求进工作总基调，坚持新发展理念，坚持以供给侧结构性改革为主线，坚持以改革开放为动力推动高质量发展，扎实做好"六稳"工作，全面落实"六保"任务，坚定实施扩大内需战略，以新业态新模式为引领，加快推动新型消费扩容提质，坚持问题导向和目标导向，补齐基础设施和服务能力短板，规范创新监管方式，持续激发消费活力，促进线上线下消费深度融合，努力实现新型消费加快发展，推动形成以国内大循环为主体、国内国际双循环相互促进的新发展格局。

（二）基本原则。

坚持创新驱动、融合发展。深入实施创新驱动发展战略，推动技术、管理、商业模式等各类创新，加快培育新业态新模式，推动互联网和各类消费业态紧密融合，加快线上线下消费双向深度融合，促进新型消费蓬勃发展。

坚持问题导向、补齐短板。针对新型消费基础设施不足、服务能力偏弱等问题，充分调动中央和地方两个积极性，进一步加大软硬件建设力度，加强新装备新设备生产应用，优化新型消费网络节点布局，加快补齐发展短板。

坚持深化改革、优化环境。以深化"放管服"改革、优化营商环境推动新型消费加快发展，打破制约发展的体制机制障碍，顺应新型消费发展规律创新经济治理模式，系统性优化制度体系和发展环境，最大限度激发市场活力。

坚持市场主导、政府促进。使市场在资源配置中起决定性作用，以市场需求为导向，顺应居民消费升级趋势，培育壮大各类新型消费市场主体，提升新型消费竞争力。更好发挥政府作用，为新型消费发展提供全方位制度和政策支撑。

（三）主要目标。

经过3—5年努力，促进新型消费发展的体制机制和政策体系更加完善，通过进一步优化新业态新模式引领新型消费发展的环境、进一步提升新型消费产品的供给质量、进一步增强新型消费对扩内需稳就业的支撑，到2025年，培育形成一批新型消费示范城市和领先企业，实物商品网上零售额占社会消费品零售总额比重显著提高，"互联网＋服务"等消费新业态新模式得到普及并趋于成熟。

二、加力推动线上线下消费有机融合

（四）进一步培育壮大各类消费新业态新模式。 建立健全"互联网＋服务"、电子商务公共服务平台，加快社会服务在线对接、线上线下深度融合。有序发展在线教育，推广大规模在线开放课程等网络学习模式，推动各类数字教育资源共建共享。积极发展互联网健康医疗服务，大力推进分时段预约诊疗、互联网诊疗、电子处方流转、药品网络销售等服务。深入发展在线文娱，鼓励传统线下文化娱乐业态线上化，支持互联网企业打造数字精品内容创作和新兴数字资源传播平台。鼓励发展智慧旅游，提升旅游消费智能化、便利化水平。大力发展智能体育，培育在线健身等体育消费新业态。进一步支持依托互联网的外卖配送、网约车、即时递送、住宿共享等新业态发展。加快智慧广电生态体系建设，培育打造5G条件下更高技术格式、更新应用场景、更美视听体验的高新视频新业态，形成多元化的商业模式。创新无接触式消费模式，探索发展智慧超市、智慧商店、智慧餐厅等新零售业态。推广电子合同、电子文件等无纸化在线应用。（国家发展改革委、教育部、工业和信息化部、交通运输部、商务部、文化和旅游部、国家卫生健康委、广电总局、体育总局、国家邮政局、国家药监局等部门按职责分工负责）

（五）推动线上线下融合消费双向提速。　支持互联网平台企业向线下延伸拓展，加快传统线下业态数字化改造和转型升级，发展个性化定制、柔性化生产，推动线上线下消费高效融合、大中小企业协同联动、上下游全链条一体发展。引导实体企业更多开发数字化产品和服务，鼓励实体商业通过直播电子商务、社交营销开启"云逛街"等新模式。加快推广农产品"生鲜电子商务＋冷链宅配"、"中央厨房＋食材冷链配送"等服务新模式。组织开展形式多样的网络促销活动，促进品牌消费、品质消费。（国家发展改革委、工业和信息化部、住房城乡建设部、农业农村部、商务部、国家邮政局等部门按职责分工负责）

（六）鼓励企业依托新型消费拓展国际市场。　推动电子商务、数字服务等企业"走出去"，加快建设国际寄递物流服务体系，统筹推进国际物流供应链建设，开拓国际市场特别是"一带一路"沿线业务，培育一批具有全球资源配置能力的国际一流平台企业和物流供应链企业。充分依托新型消费带动传统商品市场拓展对外贸易、促进区域产业集聚。持续提高通关便利化水平，优化申报流程。探索新型消费贸易流通项下逐步推广人民币结算。鼓励企业以多种形式实现境外本土化经营，降低物流成本，构建营销渠道。（国家发展改革委、交通运输部、商务部、人民银行、海关总署、税务总局、国家邮政局、国家外汇局等部门按职责分工负责）

三、加快新型消费基础设施和服务保障能力建设

（七）加强信息网络基础设施建设。　进一步加大5G网络、数据中心、工业互联网、物联网等新型基础设施建设力度，优先覆盖核心商圈、重点产业园区、重要交通枢纽、主要应用场景等。打造低时延、高可靠、广覆盖的新一代通信网络。加快建设千兆城市。推动车联网部署应用。推动城市信息模型（CIM）基础平台建设，支持城市规划建设管理多场景应用，促进城市基础设施数字化和城市建设数据汇聚。加大相关设施安全保障力度。（国家发展改革委、工业和信息化部、自然资源部、住房城乡建设部等部门按职责分工负责）

（八）完善商贸流通基础设施网络。　建立健全数字化商品流通体系，在新兴城市、重点乡镇和中西部地区加快布局数字化消费网络，降低物流综合成本。提升电商、快递进农村综合水平，推动农村商贸流通转型升级。补齐农产品冷链物流设施短板，加快农产品分拨、包装、预冷等集配装备和分拨仓、前置仓等仓储设施建设。推进快递服务站、智能快件箱（信包箱）、无人售货机、智能垃圾回收机等智能终端设施建设和资源共享。推进供应链创新应用，开展农商互联农产品供应链建设，提升农产品流通现代化水平。鼓励传统流通企业向供应链服务企业转型。（国家发展改革委、住房城乡建设部、交通运输部、农业农村部、商务部、国家邮政局等部门按职责分工负责）

（九）大力推动智能化技术集成创新应用。 在有效防控风险的前提下，推进大数据、云计算、人工智能、区块链等技术发展融合，加快区块链在商品溯源、跨境汇款、供应链金融和电子票据等数字化场景应用，推动更多企业"上云上平台"。积极开展消费服务领域人工智能应用，丰富5G技术应用场景，加快研发可穿戴设备、移动智能终端、智能家居、超高清及高新视频终端、智能教学助手、智能学伴、医疗电子、医疗机器人等智能化产品，增强新型消费技术支撑。（国家发展改革委、工业和信息化部、人民银行、广电总局、银保监会等部门按职责分工负责）

（十）安全有序推进数据商用。 在健全安全保障体系的基础上，依法加强信息数据资源服务和监管。加大整合开发力度，探索数据流通规则制度，有效破除数据壁垒和"孤岛"，打通传输应用堵点，提升消费信息数据共享商用水平，更好为企业提供算力资源支持和优惠服务。探索发展消费大数据服务。（国家发展改革委、工业和信息化部、国家统计局等部门按职责分工负责）

（十一）规划建设新型消费网络节点。 围绕国家重大区域发展战略打造新型消费增长极，培育建设国际消费中心城市，着力建设辐射带动能力强、资源整合有优势的区域消费中心，加强中小型消费城市梯队建设。规划建设城乡融合新型消费网络节点，积极发展"智慧街区"、"智慧商圈"。深化步行街改造提升工作，鼓励有条件的街区加快数字化改造，提供全方位数字生活新服务。优化百货商场、购物中心、便利店、农贸市场等城乡商业网点布局，引导行业适度集中。完善社区便民消费设施，加快规划建设便民生活服务圈、城市社区邻里中心和农村社区综合性服务网点。（国家发展改革委、工业和信息化部、自然资源部、住房城乡建设部、农业农村部、商务部等部门按职责分工负责）

四、优化新型消费发展环境

（十二）加强相关法规制度建设。 出台互联网上网服务管理政策，规范行业发展。顺应新型消费发展规律，加快出台电子商务、共享经济等领域相关配套规章制度，研究制定分行业分领域的管理办法，有序做好与其他相关政策法规的衔接。推动及时调整不适应新型消费发展的法律法规与政策规定。（国家发展改革委、工业和信息化部、司法部、商务部、市场监管总局等部门按职责分工负责）

（十三）深化包容审慎和协同监管。 按照包容审慎和协同监管原则，为新型消费营造规范适度的发展环境。强化消费信用体系建设，构建以信用为基础的新型监管机制。完善跨部门协同监管机制，实现线上线下协调互补、市场监管与行业监管联接互动，加大对销售假冒伪劣商品、侵犯知识产权、虚假宣传、价格欺诈、泄露隐私等行为的打击力度，着力营造安全放心诚信消费环境，促进新型消费健康发展。（国家发展改革委、工业和信息化部、商务部、市场监管总局等部门按职责分工负责）

（十四）健全服务标准体系。 推进新型消费标准化建设，支持和鼓励平台企业、行业组织、研究机构等研究制定支撑新型消费的服务标准，健全市场监测、用户权益保护、重要产品追溯等机制，提升行业发展质量和水平。（国家发展改革委、工业和信息化部、商务部、市场监管总局等部门按职责分工负责）

（十五）简化优化证照办理。 进一步优化零售新业态新模式营商环境，探索实行"一照多址"。各地对新申请食品经营（仅限从事预包装食品销售）的，可试点推行告知承诺制。各地可结合实际，在保障食品安全的前提下，扩大推行告知承诺制的范围。（市场监管总局牵头，国家发展改革委等部门按职责分工负责）

五、加大新型消费政策支持力度

（十六）强化财政支持。 各级财政通过现有资金渠道、按照市场化方式支持新型消费发展，促进相关综合服务和配套基础设施建设。研究进一步对新型消费领域企业优化税收征管措施，更好发挥减税降费政策效应。（国家发展改革委、工业和信息化部、财政部、人力资源社会保障部、税务总局等部门按职责分工负责）

（十七）优化金融服务。 深化政银企合作，拓展新型消费领域投融资渠道。鼓励金融机构按照市场化原则，在风险可控前提下，结合新型消费领域相关企业经营特点，积极开发金融产品和服务。优化与新型消费相关的支付环境，鼓励银行等各类型支付清算服务主体降低手续费用，降低商家、消费者支付成本，推动银行卡、移动支付在便民消费领域广泛应用。完善跨境支付监管制度，稳妥推进跨境移动支付应用，提升境外人员境内支付规范化便利化水平。支持符合条件的企业通过发行新股、发行公司债券、"新三板"挂牌等方式融资。发展股权投资基金，推动生产要素向更具前景、更具活力的新型消费领域转移和集聚。（国家发展改革委、财政部、人民银行、银保监会、证监会等部门按职责分工负责）

（十八）完善劳动保障政策。 鼓励发展新就业形态，支持灵活就业，加快完善相关劳动保障制度。指导企业规范开展用工余缺调剂，帮助有"共享用工"需求的企业精准、高效匹配人力资源。促进新业态新模式从业人员参加社会保险，提高参保率。坚持失业保险基金优先保生活，通过发放失业保险金、一次性生活补助等多措并举，加快构建城乡参保失业人员应发尽发、应保尽保长效机制。（国家发展改革委、财政部、人力资源社会保障部、国家医保局等部门按职责分工负责）

六、强化组织保障

（十九）加强组织领导。 充分发挥完善促进消费体制机制部际联席会议制度作用，加强组织领导和统筹协调，国家发展改革委牵头组织实施，强化部门协同和上下联动，加快研究制定以新业态新模式引领新型消费加快发展的具体实施方案和配套措施，明确责任主体、时间表和路线图，形成政策合力。（国家发展改革委等各有关部门按职责分工负责）

（二十）强化监测评估。 加强新型消费统计监测，聚合各类平台企业消费数据，强化传统数据与大数据比对分析，及时反映消费现状和发展趋势，提高政策调控的前瞻性和有效性。完善政策实施评估体系，综合运用第三方评估、社会监督评价等多种方式，科学评估实施效果，确保各项举措落到实处。（国家发展改革委、商务部、市场监管总局、国家统计局等部门按职责分工负责）

（二十一）注重宣传引导。 创新宣传方式，丰富宣传手段，加强支持新型消费发展相关政策宣传解读和经验推广，倡导健康、智慧、便捷、共享的消费理念，营造有利于新型消费良性发展的舆论氛围。（国家发展改革委、商务

部、市场监管总局、广电总局、国务院新闻办等部门按职责分工负责）

各地区、各有关部门要以习近平新时代中国特色社会主义思想为指导，增强"四个意识"、坚定"四个自信"、做到"两个维护"，坚决贯彻党中央、国务院决策部署，充分认识培育壮大新业态新模式、加快发展新型消费的重要意义，认真落实本意见各项要求，细化实化政策措施，优化制度环境，强化要素保障，持续扩大国内需求，扩大最终消费，为居民消费升级创造条件。

国务院办公厅

2020 年 9 月 16 日

附录11 科技部 财政部 教育部 中科院 关于持续开展减轻科研人员负担 激发创新活力专项行动的通知

国科发政〔2020〕280号

国务院有关部门和单位,各省、自治区、直辖市、计划单列市科技厅(委、局)、财政厅(局)、教育厅(教委),新疆生产建设兵团科技局、财政局、教育局,教育部直属高校、中科院所属院所:

2018年,科技部、财政部、教育部、中科院联合印发了《贯彻落实习近平总书记在两院院士大会上重要讲话精神开展减轻科研人员负担专项行动》的通知,在全国范围开展减轻科研人员负担7项行动(简称"减负行动1.0"),取得积极成效,广大科研人员反映的表格多、报销繁、检查多等突出问题逐步得到解决。与此同时,科技成果转化、科研人员保障激励、新型研发机构发展等方面又暴露出一些阻碍改革落地的新"桎梏"。为贯彻落实党中央关于持续解决困扰基层的形式主义问题、减轻基层负担的决策部署和中央领导同志指示精神,根据新形势新要求进一步攻坚克难,切实推动政策落地见效,减轻科研人员负担并强化激励,拟在前期工作基础上,持续组织开展减轻科研人员负担、激发创新活力专项行动(简称"减负行动2.0")。

一、总体要求

以习近平新时代中国特色社会主义思想为指导,发挥改革统领全局作用,加快转变政府职能,围绕推动改革落地见效,坚持减负与激励相结合,巩固成果与拓展深化相结合,坚持聚焦突出问题、自我革命,坚持解剖麻雀、集中治理,坚持小切口、大成效,注重流程再造、制度创新,注重部门协同、破除深层次障碍,注重权责一致、完善监督体系,注重上下联动、发挥基层单位积极性。通过进一步减负,充分激发科技创新活力,提升创新绩效,更好发挥科技支撑高质量发展的作用。

二、行动安排

（一）持续深化已部署的专项行动，巩固和扩大行动成果。

在继续坚持和巩固前期工作成果的基础上，根据新形势要求拓展内容、调整聚焦、加大工作力度。减表行动进一步加强国家科技计划项目有关数据与科技统计工作的统筹，减少基层填报工作量；推动减表行动进基层单位，形成上下联动合力。解决报销繁行动进一步推动简化项目经费调剂管理方式和科研仪器设备采购流程等改革落地，并深入实施开发科研助理岗位吸纳高校毕业生就业的工作计划。检查瘦身行动持续巩固完善科研项目监督检查工作统筹机制，建立统一的年度监督检查计划，采取"飞行检查"工作方式，强化科技计划监督检查结果的信息共享互认。精简牌子行动在已摸底掌握的科技创新基地牌子存量情况基础上，推动重组国家重点实验室体系。精简帽子行动结合对科技人才计划调查摸底情况，积极配合中央人才工作协调小组指导推进地方人才计划整合；清理规范科技评价活动中人才"帽子"作为评审评价指标的使用、人才"帽子"与物质利益直接挂钩的问题。"四唯"清理行动深入推动落实破除"SCI至上""唯论文"等硬措施，树好科技评价导向，改进学科、学校评估；优化临床医务人员职称评审和其他领域职称（职务）评聘办法；扭转考核奖励功利化倾向，优化高校专利资助奖励体系。信息共享行动在国家科技管理信息系统已开放信息基础上，进一步拓展开放内容和对象范围，在确保科技安全前提下，逐步向科研管理各相关主体分权限开放。

科技部、财政部、教育部、中科院按原行动分工继续推进，卫生健康委结合职能参与，2020年12月底前，推动已有成果制度化；2021年6月底前，对照新的行动内容开展工作部署，推动取得新成效；2021年12月底前，开展总结评估。

众筹科改行动转为常态化工作，不再按专项行动方式限时开展。

（二）组织开展新的专项行动，回应科研人员新期盼。

1.成果转化尽责担当行动。针对科技成果转化决策担责问题，要为负责者负责，为担当者担当，建立健全科技成果转化尽职免责和风险防控机制，制定高校和科研院所科技成果转化尽职免责负面清单。结合"赋予科研人员职务科技成果所有权或长期使用权试点"，以及科技部、教育部开展的高等学校专业化国家技术转移中心建设试点和高等学校科技成果转化和技术转移基地认定工作，指导、推动和督促高校、科研院所建立符合自身具体情况的尽职免责细化

负面清单。（科技部、财政部、教育部、中科院按职责分工）

2.科研人员保障激励行动。落实社会委托项目按合同约定管理使用。加强对承接科研项目财务审计委托任务的会计师事务所的科技创新政策宣传与培训，提高其政策理解和把握能力，推动相关工作与最新科研经费管理政策要求相一致。加强各类国家科技计划对青年科学家的支持力度，研究扩大青年科学家项目比例。督查推动项目承担单位针对实验设备依赖程度低和实验材料耗费少的基础研究、软件开发和软科学研究等智力密集型项目，建立健全与之相匹配的劳务费和间接经费使用管理办法。支持科研单位对优秀青年科研人员设立青年科学家、特别研究等岗位，在科研条件、收入待遇、继续教育等方面给予必要保障。对中青年科技领军人才进行摸底，形成人才清单，提供定期体检和相关保健服务。（科技部、财政部、教育部、中科院、卫生健康委按职责分工）

3.新型研发机构服务行动。对重点新型研发机构实行"一所一策"，在内部管理、科研创新、人员聘用、成果转化等方面充分赋予自主权。研究制定新型研发机构的统计指标，加快建设新型研发机构数据库和信息服务平台，发布新型研发机构年度报告。推动地方根据区域创新发展需要，从科技计划项目、创新平台、成果转化、人才团队等方面加强专题研究，给予更多针对性的政策支持。指导和推动新型研发机构实行章程管理、理事会决策制、院长负责制。（科技部、统计局按职责分工）

4.政策宣传行动。对近年来出台的科技创新相关政策进行梳理，在科技日报等主流媒体设立专栏，通过宣传解读、采访专家、收集案例、总结典型经验等方式，加大政策宣传力度，发挥基层落实典型示范带动作用，推动政策更好落实落地。（科技部牵头，相关部门按职责分工）

上述行动于 2020 年 12 月底前，开展解剖麻雀，梳理问题；2021 年 6 月底前，制定细化相关行动措施，组织开展集中治理，动员各方力量广泛参与；2021 年 12 月底前，开展总结评估。

各地方、各部门要统一思想认识，加强统筹协调和沟通配合，紧抓组织实施，加快推进各项行动部署。各基层单位要提高思想认识，落实主体责任，健全内部工作体系和配套制度，借鉴减负行动 1.0 的成功经验做法，进一步找准问题堵点痛点，切实破除政策落实最后一公里"梗阻"，推动相关政策加快落地见效，增强科研人员的获得感和满意度。

四部门进一步加强宣传发动、跟踪指导，提升工作实效。行动完成后组织开展第三方评估，推动减负成果制度化。对于行动积极主动、成效显著的单位，将作为典型案例宣传推广，对于落实不到位的以适当方式予以通报。专项行动进展和成效及时报送国务院和中央改革办。

科技部

财政部

教育部

中科院

2020 年 10 月 22 日

附录12 国务院办公厅关于推进对外贸易创新发展的实施意见

国办发〔2020〕40号

各省、自治区、直辖市人民政府，国务院各部委、各直属机构：

对外贸易是我国开放型经济的重要组成部分和国民经济发展的重要推动力量。为深入贯彻党中央、国务院关于推进贸易高质量发展的决策部署，经国务院同意，现就推进对外贸易创新发展提出如下意见：

一、总体要求

以习近平新时代中国特色社会主义思想为指导，全面贯彻党的十九大和十九届二中、三中、四中、五中全会精神，坚持新发展理念，坚持以供给侧结构性改革为主线，坚定不移扩大对外开放，稳住外贸外资基本盘，稳定产业链供应链，进一步深化科技创新、制度创新、模式和业态创新。围绕构建以国内大循环为主体、国内国际双循环相互促进的新发展格局，加快推进国际市场布局、国内区域布局、经营主体、商品结构、贸易方式等"五个优化"和外贸转型升级基地、贸易促进平台、国际营销体系等"三项建设"，培育新形势下参与国际合作和竞争新优势，实现外贸创新发展。

二、创新开拓方式，优化国际市场布局

优化国际经贸环境。坚定维护以世界贸易组织为核心的多边贸易体制，坚决反对单边主义和保护主义，支持世界贸易组织必要改革，积极参与国际贸易规则制定。推动《区域全面经济伙伴关系协定》（RCEP）尽早签署。加快推进中日韩自由贸易协定、中国—海合会自由贸易协定谈判，积极商签更多高标准自由贸易协定和区域贸易协定。

推进贸易畅通工作机制建设。落实好已签署的共建"一带一路"合作文件，大力推动与重点市场国家特别是共建"一带一路"国家商建贸易畅通工作组、电子商务合作机制、贸易救济合作机制，推动解决双边贸易领域突出问题。

利用新技术新渠道开拓国际市场。充分运用第五代移动通信（5G）、虚拟现实（VR）、增强现实（AR）、大数据等现代信息技术，支持企业利用线上展会、电商平台等渠道开展线上推介、在线洽谈和线上签约等。推进展会模式创新，探索线上线下同步互动、有机融合的办展新模式。

提升公共服务水平。加大对重点市场宣传推介力度，及时发布政策和市场信息。加强国别贸易投资法律政策研究。建设跨境贸易投资综合法律支援平台。做好企业境外商务投诉服务。提升商事法律、标准体系建设等方面服务水平。

三、发挥比较优势，优化国内区域布局

提高东部地区贸易质量。加强京津冀协同发展，围绕雄安新区建设开放发展先行区的定位，全面对标国际高标准贸易规则。以长江三角洲区域一体化发展战略为依托，打造高水平开放平台。以上海自由贸易试验区临港新片区为载体，进一步提升浦东新区开放水平，打造更具国际竞争力的特殊经济功能区。以广州南沙、深圳前海、珠海横琴等重大合作平台为重点，加强贸易领域规则衔接、制度对接，推进粤港澳市场一体化发展。

提升中西部地区贸易占比。支持中西部地区深度融入共建"一带一路"大格局，构筑内陆地区效率高、成本低、服务优的国际贸易通道。加快边境经济合作区和跨境经济合作区建设，扩大与周边国家经贸往来。实施黄河流域生态保护和高质量发展战略，推动成渝地区双城经济圈建设，打造内陆开放战略高地。积极推进中西部地区承接产业转移示范区建设。培育和建设新一批加工贸易梯度转移重点承接地和示范地。

扩大东北地区对外开放。支持东北地区开展大宗资源性商品进出口贸易，探索设立大宗资源性商品交易平台。发挥装备制造业基础优势，积极参与承揽大型成套设备出口项目。落实好中俄远东合作规划，稳步推进能源资源、农林开发等领域合作项目，加强毗邻地区贸易和产业合作，发挥大图们倡议等合作机制作用，提升面向东北亚合作水平。

创新区域间外贸合作机制。以国家级新区、承接产业转移示范区为重点，建立产业转移承接结对合作机制。鼓励中西部和东北重点地区承接产业转移平台建设，完善基础设施，建设公共服务平台，提升承接产业转移能力。完善东中西加工贸易产业长效对接机制，深化中国加工贸易产品博览会等平台功能，加强投资信息共享，举办梯度转移对接交流活动。

四、加强分类指导，优化经营主体

培育具有全球竞争力的龙头企业。在通信、电力、工程机械、轨道交通等领域，以市场为导向，培育一批具有较强创新能力和国际竞争力的龙头企业。引导企业创新对外合作方式，优化资源、品牌和营销渠道。构建畅通的国际物流运输体系、资金结算支付体系和海外服务网络。

增强中小企业贸易竞争力。开展中小外贸企业成长行动计划。推进中小企业"抱团出海"行动。鼓励"专精特新"中小企业走国际化道路，在元器件、基础件、工具、模具、服装、鞋帽等行业，鼓励形成一批竞争力强的"小巨人"企业。

提升协同发展水平。发挥行业龙头企业引领作用，探索组建企业进出口联盟，促进中小企业深度融入供应链。支持龙头企业搭建资源和能力共享平台。引导企业与境外产业链上下游企业加强供需保障的互利合作。稳存量，促增量，充分发挥外资对外贸创新发展的带动作用。

主动服务企业。建立和完善重点外贸外资企业联系服务机制。发挥贸促机构、行业商协会作用，共同推动解决企业遇到的困难和问题。

五、创新要素投入，优化商品结构

保护和发展产业链供应链。保障在全球产业链中有重要影响的企业和关键产品生产出口，维护国际供应链稳定。拓展重点市场产业链供应链，实现物流、商流、资金流、信息流等互联互通。推进供应链数字化和智能化发展。搭建应急供应链综合保障平台。提升全球产业链供应链风险防控能力。积极参与和推动国际产业链供应链保障合作。

推动产业转型升级。实施新一轮技术改造升级工程。开展先进制造业集群培育试点示范，创建一批国家制造业高质量发展试验区。加快推进战略性新兴产业集群建设。鼓励企业实施绿色化、智能化、服务化改造。提高农业产业竞争力，建设一批农产品贸易高质量发展基地。

优化出口产品结构。积极推动电力、轨道交通、通信设备、船舶及海洋工程、工程机械、航空航天等装备类大型成套设备开拓国际市场。提高生物技术、节能环保、新一代信息技术、新能源、机器人等新兴产业的国际竞争力。推动纺织、服装、箱包、鞋帽等劳动密集型产品高端化、精细化发展。提升农产品精深加工能力和特色发展水平，扩大高附加值农产品出口。

提高出口产品质量。加强全面质量管理，严把供应链质量关。加强质量安全风险预警和快速反应监管体系建设。建设一批重点出口产品质量检测公共服务平台。加快推进与重点出口市场认证证书和检测结果互认。鼓励企业使用国际标准和国外先进标准，充分利用国际认可的产品检测和认证体系，按照国际标准开展生产和质量检验。

优化进口结构。适时调整部分产品关税。发挥《鼓励进口技术和产品目录》引导作用，扩大先进技术、重要装备和关键零部件进口。支持能源资源产品进口。鼓励优质消费品进口。加强对外农业产业链供应链建设，增加国内紧缺和满足消费升级需求的农产品进口。扩大咨询、研发设计、节能环保、环境服务等知识技术密集型服务进口和旅游进口。

六、创新发展模式，优化贸易方式

做强一般贸易。扩大一般贸易规模，提升产品附加值，增强谈判、议价能力。鼓励企业加强研发、品牌培育、渠道建设，增强关键技术、核心零部件生产和供给能力。在有条件的地区、行业和企业建立品牌推广中心，鼓励形成区域性、行业性品牌。

提升加工贸易。加大对加工贸易转型升级示范区和试点城市的支持力度，培育认定新一批试点城市，支持探索创新发展新举措。提升加工贸易技术含量和附加值，延长产业链，由加工组装向技术、品牌、营销环节延伸。支持保税维修等新业态发展。动态调整加工贸易禁止类商品目录。

发展其他贸易。落实促进边境贸易创新发展政策，修订《边民互市贸易管理办法》。制订边民互市进口商品负面清单，开展边民互市进口商品落地加工试点。培育发展边境贸易商品市场和商贸中心。支持边境地区发展电子商务。探索发展新型贸易方式。支持在自由贸易港、自由贸易试验区探索促进新型国际贸易发展。

促进内外贸一体化。优化市场流通环境，便利企业统筹用好国际国内两个市场，降低出口产品内销成本。鼓励出口企业与国内大型商贸流通企业对接，多渠道搭建内销平台，扩大内外销产品"同线同标同质"实施范围。加强宣传推广和公共服务，推动内销规模化、品牌化。

七、创新运营方式，推进国家外贸转型升级基地建设

健全组织管理。依托各类产业集聚区，加快基地建设，做大做强主导产业链，完善配套支撑产业链，增强供给能力。建立多种形式的基地管理服务机构。

建设公共服务平台。依托研究院所、大专院校、贸促机构、行业商协会、专业服务机构和龙头企业,搭建研发、检测、营销、信息、物流等方面的公共服务平台。

八、创新服务模式,推进贸易促进平台建设

办好进博会、广交会等一批综合展会。对标国际一流展会,丰富完善中国国际进口博览会功能,着力提升国际化、专业化水平,增强吸引力和国际影响力,确保"越办越好"。研究推行中国进出口商品交易会线上线下融合办展新模式。拓展中国国际服务贸易交易会、中国国际高新技术成果交易会等展会功能。优化现有展会,培育若干知名度高、影响力大的国际展会。

培育进口贸易促进创新示范区。充分发挥示范区在促进进口、服务产业、提升消费等方面的示范引领作用。提升监管水平,加强服务创新。研究建立追踪问效、评估和退出机制。

九、创新服务渠道,推进国际营销体系建设

加快建立国际营销体系。鼓励企业以合作、自建等方式,完善营销和服务保障体系,开展仓储、展示、批发、销售、接单签约及售后服务。推进售后云服务模式和远端诊断、维修。重点推动汽车、机床等行业品牌企业建设国际营销服务网点。

推进国际营销公共平台建设。充分发挥平台带动和示范作用,助力企业开拓国际市场。研究建立评估及退出机制。建设国际营销公共服务平台网络,共享平台资源。

十、创新业态模式,培育外贸新动能

促进跨境电商等新业态发展。积极推进跨境电商综合试验区建设,不断探索好经验好做法,研究建立综合试验区评估考核机制。支持建设一批海外仓。扩大跨境电商零售进口试点。推广跨境电商应用,促进企业对企业(B2B)业务发展。研究筹建跨境电商行业联盟。推进市场采购贸易方式试点建设,总结经验并完善配套服务。促进外贸综合服务企业发展,研究完善配套监管政策。

积极推进二手车出口。建立健全二手车出口管理与促进体系,扩大二手车出口业务,完善质量检测标准,实行全国统一的出口检测规范。强化二手车境外售后服务体系建设,鼓励有条件的企业在重点市场建立公共备品备件库,提高售后服务质量。培育和支持二手车出口行业组织发展。

加快发展新兴服务贸易。加快发展对外文化贸易,加大对国家文化出口重

点企业和重点项目的支持，加强国家文化出口基地建设。加快服务外包转型升级，开展服务外包示范城市动态调整，大力发展高端生产性服务外包。加强国家中医药服务出口基地建设，扩大中医药服务出口。

加快贸易数字化发展。大力发展数字贸易，推进国家数字服务出口基地建设，鼓励企业向数字服务和综合服务提供商转型。支持企业不断提升贸易数字化和智能化管理能力。建设贸易数字化公共服务平台，服务企业数字化转型。

十一、优化发展环境，完善保障体系

发挥自由贸易试验区、自由贸易港制度创新作用。扩大开放领域，推动外向型经济主体及业务在自由贸易试验区汇聚。推动出台海南自由贸易港法。以贸易自由化便利化为重点，突出制度集成创新，研究优化贸易方案，扎实推进海南自由贸易港建设，制定海南自由贸易港禁止、限制进出口的货物、物品清单，清单外货物、物品自由进出；出台海南自由贸易港跨境服务贸易负面清单，进一步规范影响服务贸易自由便利的国内规制，为适时向更大范围推广积累经验。

不断提升贸易便利化水平。进一步简化通关作业流程，精简单证及证明材料。创新海关核查模式，推进"网上核查"改革。进一步完善国际贸易"单一窗口"功能，推进全流程作业无纸化。建立更加集约、高效、运行通畅的船舶便利通关查验新模式，加快推进"单一窗口"功能覆盖海运和贸易全链条。

优化进出口管理和服务。完善大宗商品进出口管理。有序推动重点商品进出口管理体制改革。加强口岸收费管理，严格执行口岸收费目录清单制度，持续清理规范进出口环节涉企收费。降低港口收费，进一步减并港口收费项目，降低政府定价的港口经营服务性项目收费标准。积极推动扩大出口退税无纸化申报范围，持续加快出口退税办理进度。扩大贸易外汇收支便利化试点，便利跨境电商外汇结算。

强化政策支持。在符合世界贸易组织规则前提下，加大财政金融支持力度。用好外经贸发展专项资金，推动外贸稳中提质、创新发展。落实再贷款、再贴现等金融支持政策，加快贷款投放进度，引导金融机构增加外贸信贷投放，落实好贷款阶段性延期还本付息等政策，加大对中小微外贸企业支持。充分发挥进出口信贷和出口信用保险作用，进一步扩大出口信用保险覆盖面，根据市场化原则适度降低保险费率。

加强国际物流保障。确保国际海运保障有力，提升国际航空货运能力，促进国际道路货运便利化。提升中欧班列等货运通道能力,加强集结中心示范工程建设,以市场化为原则,鼓励运营企业完善境外物流网络,增强境外物流节点的联运、转运和集散能力,拓展回程货源,提高国际化运营竞争力。鼓励港航企业与铁路企业加强合作,积极发展集装箱铁水联运。

提升风险防范能力。统筹发展和安全,切实防范、规避重大风险。坚持底线思维,保障粮食、能源和资源安全。努力构建现代化出口管制体系。严格实施出口管制法。优化出口管制许可和执法体系,推动出口管制合规和国际合作体系建设。完善对外贸易调查制度,丰富调查工具。健全预警和法律服务机制,构建主体多元、形式多样的工作体系。健全贸易救济调查工作体系,提升运用规则的能力和水平。完善贸易摩擦应对机制,推动形成多主体协同应对的工作格局。研究设立贸易调整援助制度。

加强组织实施。加强党对外贸工作的全面领导。充分发挥国务院推进贸易高质量发展部际联席会议制度作用,整体推进外贸创新发展。商务部要会同有关部门加强协调指导,各地方要抓好贯彻落实。重大情况及时向党中央、国务院报告。

国务院办公厅

2020 年 10 月 25 日

附录 13　国家科学技术奖励条例

（1999 年 5 月 23 日中华人民共和国国务院令第 265 号发布　根据 2003 年 12 月 20 日
《国务院关于修改〈国家科学技术奖励条例〉的决定》第一次修订
根据 2013 年 7 月 18 日《国务院关于废止和修改部分行政法规的决定》第二次修订
2020 年 10 月 7 日中华人民共和国国务院令第 731 号第三次修订）

第一章　总则

第一条　为了奖励在科学技术进步活动中做出突出贡献的个人、组织，调动科学技术工作者的积极性和创造性，建设创新型国家和世界科技强国，根据《中华人民共和国科学技术进步法》，制定本条例。

第二条　国务院设立下列国家科学技术奖：

（一）国家最高科学技术奖；

（二）国家自然科学奖；

（三）国家技术发明奖；

（四）国家科学技术进步奖；

（五）中华人民共和国国际科学技术合作奖。

第三条　国家科学技术奖应当与国家重大战略需要和中长期科技发展规划紧密结合。国家加大对自然科学基础研究和应用基础研究的奖励。国家自然科学奖应当注重前瞻性、理论性，国家技术发明奖应当注重原创性、实用性，国家科学技术进步奖应当注重创新性、效益性。

第四条　国家科学技术奖励工作坚持中国共产党领导，实施创新驱动发展战略，贯彻尊重劳动、尊重知识、尊重人才、尊重创造的方针，培育和践行社会主义核心价值观。

第五条　国家维护国家科学技术奖的公正性、严肃性、权威性和荣誉性，将国家科学技术奖授予追求真理、潜心研究、学有所长、研有所专、敢于超越、勇攀高峰的科技工作者。

国家科学技术奖的提名、评审和授予，不受任何组织或者个人干涉。

第六条　国务院科学技术行政部门负责国家科学技术奖的相关办法制定和

评审活动的组织工作。对涉及国家安全的项目,应当采取严格的保密措施。

国家科学技术奖励应当实施绩效管理。

第七条 国家设立国家科学技术奖励委员会。国家科学技术奖励委员会聘请有关方面的专家、学者等组成评审委员会和监督委员会,负责国家科学技术奖的评审和监督工作。

国家科学技术奖励委员会的组成人员人选由国务院科学技术行政部门提出,报国务院批准。

第二章 国家科学技术奖的设置

第八条 国家最高科学技术奖授予下列中国公民:

(一)在当代科学技术前沿取得重大突破或者在科学技术发展中有卓越建树的;

(二)在科学技术创新、科学技术成果转化和高技术产业化中,创造巨大经济效益、社会效益、生态环境效益或者对维护国家安全做出巨大贡献的。

国家最高科学技术奖不分等级,每次授予人数不超过 2 名。

第九条 国家自然科学奖授予在基础研究和应用基础研究中阐明自然现象、特征和规律,做出重大科学发现的个人。

前款所称重大科学发现,应当具备下列条件:

(一)前人尚未发现或者尚未阐明;

(二)具有重大科学价值;

(三)得到国内外自然科学界公认。

第十条 国家技术发明奖授予运用科学技术知识做出产品、工艺、材料、器件及其系统等重大技术发明的个人。

前款所称重大技术发明,应当具备下列条件:

(一)前人尚未发明或者尚未公开;

(二)具有先进性、创造性、实用性;

(三)经实施,创造显著经济效益、社会效益、生态环境效益或者对维护国家安全做出显著贡献,且具有良好的应用前景。

第十一条 国家科学技术进步奖授予完成和应用推广创新性科学技术成果,为推动科学技术进步和经济社会发展做出突出贡献的个人、组织。

前款所称创新性科学技术成果,应当具备下列条件:

(一)技术创新性突出,技术经济指标先进;

（二）经应用推广，创造显著经济效益、社会效益、生态环境效益或者对维护国家安全做出显著贡献；

（三）在推动行业科学技术进步等方面有重大贡献。

第十二条　国家自然科学奖、国家技术发明奖、国家科学技术进步奖分为一等奖、二等奖 2 个等级；对做出特别重大的科学发现、技术发明或者创新性科学技术成果的，可以授予特等奖。

第十三条　中华人民共和国国际科学技术合作奖授予对中国科学技术事业做出重要贡献的下列外国人或者外国组织：

（一）同中国的公民或者组织合作研究、开发，取得重大科学技术成果的；

（二）向中国的公民或者组织传授先进科学技术、培养人才，成效特别显著的；

（三）为促进中国与外国的国际科学技术交流与合作，做出重要贡献的。

中华人民共和国国际科学技术合作奖不分等级。

第三章　国家科学技术奖的提名、评审和授予

第十四条　国家科学技术奖实行提名制度，不受理自荐。候选者由下列单位或者个人提名：

（一）符合国务院科学技术行政部门规定的资格条件的专家、学者、组织机构；

（二）中央和国家机关有关部门，中央军事委员会科学技术部门，省、自治区、直辖市、计划单列市人民政府。

香港特别行政区、澳门特别行政区、台湾地区的有关个人、组织的提名资格条件，由国务院科学技术行政部门规定。

中华人民共和国驻外使馆、领馆可以提名中华人民共和国国际科学技术合作奖的候选者。

第十五条　提名者应当严格按照提名办法提名，提供提名材料，对材料的真实性和准确性负责，并按照规定承担相应责任。

提名办法由国务院科学技术行政部门制定。

第十六条　在科学技术活动中有下列情形之一的，相关个人、组织不得被提名或者授予国家科学技术奖：

（一）危害国家安全、损害社会公共利益、危害人体健康、违反伦理道德的；

（二）有科研不端行为，按照国家有关规定被禁止参与国家科学技术奖励活动的；

（三）有国务院科学技术行政部门规定的其他情形的。

第十七条 国务院科学技术行政部门应当建立覆盖各学科、各领域的评审专家库，并及时更新。评审专家应当精通所从事学科、领域的专业知识，具有较高的学术水平和良好的科学道德。

第十八条 评审活动应当坚持公开、公平、公正的原则。评审专家与候选者有重大利害关系，可能影响评审公平、公正的，应当回避。

评审委员会的评审委员和参与评审活动的评审专家应当遵守评审工作纪律，不得有利用评审委员、评审专家身份牟取利益或者与其他评审委员、评审专家串通表决等可能影响评审公平、公正的行为。

评审办法由国务院科学技术行政部门制定。

第十九条 评审委员会设立评审组进行初评，评审组负责提出初评建议并提交评审委员会。

参与初评的评审专家从评审专家库中抽取产生。

第二十条 评审委员会根据相关办法对初评建议进行评审，并向国家科学技术奖励委员会提出各奖种获奖者和奖励等级的建议。

监督委员会根据相关办法对提名、评审和异议处理工作全程进行监督，并向国家科学技术奖励委员会报告监督情况。

国家科学技术奖励委员会根据评审委员会的建议和监督委员会的报告，作出各奖种获奖者和奖励等级的决议。

第二十一条 国务院科学技术行政部门对国家科学技术奖励委员会作出的各奖种获奖者和奖励等级的决议进行审核，报国务院批准。

第二十二条 国家最高科学技术奖报请国家主席签署并颁发奖章、证书和奖金。

国家自然科学奖、国家技术发明奖、国家科学技术进步奖由国务院颁发证书和奖金。

中华人民共和国国际科学技术合作奖由国务院颁发奖章和证书。

第二十三条 国家科学技术奖提名和评审的办法、奖励总数、奖励结果等信息应当向社会公布，接受社会监督。

涉及国家安全的保密项目，应当严格遵守国家保密法律法规的有关规定，加强项目内容的保密管理，在适当范围内公布。

第二十四条　国家科学技术奖励工作实行科研诚信审核制度。国务院科学技术行政部门负责建立提名专家、学者、组织机构和评审委员、评审专家、候选者的科研诚信严重失信行为数据库。

禁止任何个人、组织进行可能影响国家科学技术奖提名和评审公平、公正的活动。

第二十五条　国家最高科学技术奖的奖金数额由国务院规定。

国家自然科学奖、国家技术发明奖、国家科学技术进步奖的奖金数额由国务院科学技术行政部门会同财政部门规定。

国家科学技术奖的奖励经费列入中央预算。

第二十六条　宣传国家科学技术奖获奖者的突出贡献和创新精神，应当遵守法律法规的规定，做到安全、保密、适度、严谨。

第二十七条　禁止使用国家科学技术奖名义牟取不正当利益。

第四章　法律责任

第二十八条　候选者进行可能影响国家科学技术奖提名和评审公平、公正的活动的，由国务院科学技术行政部门给予通报批评，取消其参评资格，并由所在单位或者有关部门依法给予处分。

其他个人或者组织进行可能影响国家科学技术奖提名和评审公平、公正的活动的，由国务院科学技术行政部门给予通报批评；相关候选者有责任的，取消其参评资格。

第二十九条　评审委员、评审专家违反国家科学技术奖评审工作纪律的，由国务院科学技术行政部门取消其评审委员、评审专家资格，并由所在单位或者有关部门依法给予处分。

第三十条　获奖者剽窃、侵占他人的发现、发明或者其他科学技术成果的，或者以其他不正当手段骗取国家科学技术奖的，由国务院科学技术行政部门报国务院批准后撤销奖励，追回奖章、证书和奖金，并由所在单位或者有关部门依法给予处分。

第三十一条　提名专家、学者、组织机构提供虚假数据、材料，协助他人骗取国家科学技术奖的，由国务院科学技术行政部门给予通报批评；情节严重的，暂停或者取消其提名资格，并由所在单位或者有关部门依法给予处分。

第三十二条　违反本条例第二十七条规定的，由有关部门依照相关法律、行政法规的规定予以查处。

第三十三条 对违反本条例规定，有科研诚信严重失信行为的个人、组织，记入科研诚信严重失信行为数据库，并共享至全国信用信息共享平台，按照国家有关规定实施联合惩戒。

第三十四条 国家科学技术奖的候选者、获奖者、评审委员、评审专家和提名专家、学者涉嫌违反其他法律、行政法规的，国务院科学技术行政部门应当通报有关部门依法予以处理。

第三十五条 参与国家科学技术奖评审组织工作的人员在评审活动中滥用职权、玩忽职守、徇私舞弊的，依法给予处分；构成犯罪的，依法追究刑事责任。

第五章 附则

第三十六条 有关部门根据国家安全领域的特殊情况，可以设立部级科学技术奖；省、自治区、直辖市、计划单列市人民政府可以设立一项省级科学技术奖。具体办法由设奖部门或者地方人民政府制定，并报国务院科学技术行政部门及有关单位备案。

设立省部级科学技术奖，应当按照精简原则，严格控制奖励数量，提高奖励质量，优化奖励程序。其他国家机关、群众团体，以及参照公务员法管理的事业单位，不得设立科学技术奖。

第三十七条 国家鼓励社会力量设立科学技术奖。社会力量设立科学技术奖的，在奖励活动中不得收取任何费用。

国务院科学技术行政部门应当对社会力量设立科学技术奖的有关活动进行指导服务和监督管理，并制定具体办法。

第三十八条 本条例自 2020 年 12 月 1 日起施行。